过去与未来的分界，就在此时此刻。

Time Will Tell

总会过去
总会到来

王潇 著

浙江文艺出版社
Zhejiang Literature & Art Publishing House

果麦文化 出品

前言 七年

动笔之际，我有点感慨，将在这里写下的故事，终于都算是过去了。

这本书将要记录的，是 2015 年夏天到 2022 年夏天的这七年光阴。记录采用了两个观察点：第一个观察点是时间线上那个深陷其中的我，记录中会使用第一人称来描述我看见了、体验了什么，像是纪录片部分；第二个观察点是此时正在书写的我，依然使用第一人称，但会站在更高更远的位置，去审视、评价当时的那个我所面临的问题，像是旁白部分。这两个角度的交织让我的记录一会儿沉浸一会儿抽离。曾经，我简单地认为过去的我愚蠢，现在的我智慧，但 2022 年的夏天，当我写到第三本人生成长故事书的时候，我不再这么认为了，一个人可以同时既愚蠢又智慧，我就是这样一个人。

这本书的记录起点放在 2015 年夏天，也不是刻意为了和上本书《按自己的意愿过一生》保持连续性，是因为 2015 年夏天发生过的事，一直影响到现在，想要把过程说清楚，就得从那时候开始讲起。

按说，当提到一件事情过去了，不只是时间过去了，还表现在重新回忆时，发现当时种种已经不能再勾连现在的情绪。但当写到旁白部分时，我还是会偶尔叹息，叹息因果的力量总是超过最初的判断，如果能早点认出它们，就能改变故事发展的样貌——但是没有如果。说到底，这些书里记录的，都是我全情投入过的人生历程中的各种局限性。不过我要说，人生精彩，是因为全情投入；人生无奈，是因为其中的各种局限性。这当中，固然还是精彩比较重要。

现在，站在第三本书往回看，也会发现因果的更多线索。比如，第一本书叫《趁早》，预言了我后半生要做的事；比如，里面还有篇文章叫《意志的胜利》，引用了一段我当时很看重的台词："从医学上说，每七年，人的全身骨骼、细胞和血液都会重新自我更新一次。如果你想从外貌到气质，全部脱胎换骨，要以七年为周期来塑造自己，七年之后，你就可以再世为人！"

2002 年，我以《一生的计划》启动了自己的大换血之旅。然后七年，七年又七年，每逢七年过去，我都刚好写了一本书：《按自己的意愿过一生》是第二个七年的记录，正在写的这一本，是第三个七年的记录。这个巧合就像是深谋远虑的安排，七年也像是身份的忒修斯之船——每经历一次变迁，我们就被动或主动地换掉自己的一块木板，随着木板越换越多，人的观念、梦想甚至细胞都循序渐进地改变，于是人蜕变到了下一个阶段。

面对故事里的前后关联，也会有人问我，到底是我的创业在为写作提供素材，还是我的写作在为创业提供内核？要我说，写作写下的不只是创业，而是人活着的内核，写作于我而言肯定比创业纯粹得多，因为每一本书，书里的每一句话，都是因为自己想表达，而不是为了等待检验和同意。但与此同时，当我创业，就有人能循着我做的事渐渐找到自己的内核，那么对于这个个体而言，他找到自己的内核，又比读我的文字纯粹得多。

　　对作者来说，一个故事被写完，就真正被抛向了遥远的往昔；但我知道，对每一位读者来说，当你读到，这故事会被抛到你命运某处的路口，那些路口总是充满变数。当你翻阅，就与曾经在这里停留过的我相遇。我们对望，点一点头，再各自继续向前。再来一千次，我也会鼓励自己，也会鼓励你昂扬地踏上旅程，什么都是不确定的，但是没关系。

　　写完这第三本人生成长故事书，我已不再年轻。三个七年中，每当感到受困，我都差点以为这人世间不过如此。但其实，时间和人都不会在一个地方停留太久，总有变化推着人再次出发，去赴未来的命运。此时此刻，我们期待的那一天或者那个人也正在穿过未来的某个路口，等着和我们迎面相遇。只是，在与那一天或者那个人相遇前，还要度过数不清的晨昏。

　　二十一年，人来人往，世事变迁，我在自己的经历中不停地翻找，一直想找到可以确信的东西。现在我最确信的是，无论多么焦虑和无助的当下，也终究都会过去，总有一天，你会突然发现，坚韧的你早已从往昔抽身出来，获得了平静叙述的能力。而我们原来都是一艘忒修斯之船，旅途中每经历一次考验，这艘船就会被替换上一块更坚固的船板，当走出足够远，它就将是一艘新船。

　　等你读完这本书，我们就将再次告别，不要回头也不要害怕，只要不停向前，一切总会过去，一切总会到来。

Contents

目录

第一章　盛夏的伏笔

不存在完全正确的选择。选了什么，接下来就要把它变成正确的选择。

筵席入场券　　　　　　　003

连环大补课　　　　　　　008

风华绝代　　　　　　　　012

都是运动员　　　　　　　019

沙田马场　　　　　　　　027

第二章　忒修斯之船

人切不可从事自己都不相信的东西。

蛤蟆的油　　　　　　033

合作养猪　　　　　　037

哲学自洽　　　　　　046

死亡概率　　　　　　052

午夜修罗场　　　　　058

第三章　自救计划

我们跳过的每一课，到头来都要闷头弥补。

留得青山在　　　　　065

赌上明天　　　　　　070

灵魂委员会　　　　　075

科学变红　　　　　　079

第四章　滔滔不绝

把从前和以后劈开的时刻，看来确实是有的。一旦念觉，则时来运转。

万般皆好　　　　　　　091

时间管理大课　　　　　099

终极药方　　　　　　　107

本命事业　　　　　　　116

第五章　盲盒之约

人生这趟旅程走到这一站，是真正要做个大人了。

一个大卵泡　　　　　　127

出厂设定　　　　　　　134

回到小火堆　　　　　　144

不可思议的妈妈　　　　151

第六章 命运有耐心

时间和金钱一样能够定义人与事。经由时间考验的人与事，会更珍贵。

阿尔法伴侣　　　　　　167

财务自由群　　　　　　173

高手常温　　　　　　　180

附录一：写在创业十年这一天　　191

附录二：写在四十岁到来这一天　203

Chapter
One

第一章 盛夏的伏笔

不存在完全正确的选择。
选了什么，接下来就要把它变成正确的选择。

2015 年夏天，我还在《时尚 COSMOPOLITAN》（简称《时尚 COSMO》）杂志当主编。七年之后的现在，我会说这是一个人生走向发生转折的夏天，但当时的我对此毫不知情。

我决定去当这个主编的时候，确信自己是从一生的维度思考过的：这让我有机会体验某种新生活，就像多演一部电影，多加一重分身。如果新身份试用起来不如预期，那我还可以选择终止，回到原有路线。这样的路线简直进可攻，退可守，游刃有余不要太好。

但不是这样的。

每个决定都会让时间分岔，通往这一个而不是那一个未来。我就是因为当初接受了当主编，所以到达了今天这样一个未来。选择之所以会让人惶恐，是因为一旦做出选择，你就无法知道自己到底失去了什么，因为另一个未来从那刻起就塌陷了。事到如今，我只好相信这个说法：不存在完全正确的选择。你选了什么，那接下来就要把它变成正确的选择。

筵席入场券

我走进去，在觥筹交错中坐了一会儿，刚尝了两道菜，发现筵席其实正在进入尾声。

这份工作可比我加入前想象的复杂多了。

中国时尚传媒业和很多新兴行业一样，随开放环境共同繁荣，到了2015年，核心从业者在其中已经浸淫了十年甚至更长的时间。足够长的时间，意味着会形成足够多的共识，足够多的规则和链条，还有特殊的沟通语境。

按说，在一个人决定进入一个行业前，理想情况应该是预先充分了解关键信息，尤其要先看懂都是什么人在做着什么事。不过现实情况里，我们会因为各种原因，在信息很不充分的时候，就贸然进入一个行业。我就是这样。2014年5月还在创业，6月就突然当了主编，这种情况下想要开展工作，就只能快速恶补，勉强补齐所需认知。

我当时使用的补课方法可以叫"转圈谈话法"。虽然暂时很无知，但毕竟我是主编，在杂志体系里职级很高，至少可以通过问答获取有限信息。这个方法具体实施起来的开场白就是："您有时间吗？能抽空给我讲讲这个是怎么回事吗？"

但问答这件事是很玄妙的。大家刚认识，没有理由向外人传授武功。你问本质，人家可能回答现象；你问原因，人家只给说结果。所以恶补到的都是些拼凑缝合的零碎信息。此刻我的描述都是基于七年后的提炼能力回顾当初，彼时是断然归纳不到这么层次清晰的。很多事情都是这样，回头再看都明白，只是当时太懵懂。

刚才提到，想了解一个行业，得先看懂都是什么人在做着什么事。那么，人们通常所说的光鲜亮丽的时尚圈，都是由什么人组成的呢？

第一拨人，是奢侈品品牌的拥有者。

基本上，这些品牌拥有者都是各大国际品牌家族集团，总部往往位于法国或者意大利，是全球时尚的源头；产品包括服装鞋履、箱包配饰、珠宝手表、护肤彩妆等，它们千变万化，按照季节源源不断地推陈出新，销往全球。由于品牌文化的积淀和设计能力的卓越，他们百年雄踞时尚界的金字塔顶，是品质生活引领者、消费主义造梦者，对时尚杂志来说，那就是预算大甲方。

那么，时尚杂志主编能见到这些品牌代表和设计师吗？一年基本见不到一次，见到了也是基于新品宣发的事务性会面。任职平台的朋友并不等于个人的朋友，礼貌性的吃饭合影也不等于互相真的认识。

对奢侈品品牌来说，增长迅速的中国市场广袤，想要获得更多中国顾客，就需要通过中国时尚媒体推介产品。逻辑当然是哪些媒体推介效率高，哪些媒体就重要。但问题是媒体会随时代变迁，会由铜版纸杂志变迁为移动互联网新媒体。我担任主编的时期，就是从旧媒体转向新媒体的变迁期，经历过这种变迁的人会明白，做再多努力，也拦不住时代滚滚车轮，大势将去。

那为何眼见时代变迁当前，我还答应去当主编了呢？时隔多年必须承认，除了人生体验最大化的价值观指导着我当时的决定，还有那沉在杯底的固液混合的虚荣心。它似乎很难点燃，但当诱惑近在咫尺的时候，也不是不能。

第二拨人，是品牌市场的工作者。

企业想要经营，出售产品，就得具备市场投放和营销职能。市场投放负责让顾客看见产品，激发购买欲望，营销负责促成购买转化，实现企业销售目标。这一整套动作无论消费品公司规模是大是小，基本线程都是一致的。

如今，几乎每个奢侈品品牌都设有中国区总部，负责中国市场的销售工作，这些总部集中坐落在上海著名的恒隆广场。所以若要评选中国的时尚之都，非上海莫属，因为在这里，集中着真正掌握全球时尚业第一手信息的人群。或者说，中国的舶来端时尚，是先要经过上海的中转和再加工工序，再传达到四面八方的。这种再加工表现在信息翻译、汉化适合中国市场的选品、寻找和推荐中国面孔的代言人、与本土广告公司和媒介公司合作，以及在中国时尚媒体上发布信息和组织活动。

递进到在中国时尚媒体上发布信息这一步，就衔接到时尚杂志的工作了。

我对上海恒隆广场记忆深刻，是因为上任后的一组重要考验，就是穿戴整齐并携带笔记本电脑从北京朝阳区出发，和《时尚COSMO》广告团队一起，到上海恒隆广场各层各品牌中国区办公室，逐一讲解杂志新计划PPT。

我发现每个人身上都至少得携带一种本命技能，于我就好比是讲PPT。在干主编这活儿甚至在趁早出现之前，我就靠给客户讲PPT提案和做公关活动为生，但不幸被《穿普拉达的女魔头》这部电影误导，没有料到"贵"为主编也需要讲PPT。后来我意识到，在商业杂志机构里，主编的职能之一，是类似乙方公司的CEO，要按甲方需求把产品做好；职能之二，还得是内容公司的版权总监和产品经理，要对内容有要求，以获得读者市场的青睐。也就是说，这份工作既to B（对企业）也to C（对消费者），商业媒体的一侧是广告收入，另一侧是发行收入，如同许多互联网平台公司，皆为双边市场。

其实现在看，讲PPT也没什么，主要看给谁讲。当时之所以常常感到面对甲方有点心酸，是因为命运仿佛总握在对方手中。但后来的岁月会告诉我，心酸的并不是面对甲方，毕竟甲方评判的重点都是围绕方案和作品。后来的岁月里，我还会遇到另一类PPT宣讲对象，他们普遍壮怀激烈又刻薄无情，他们叫作投资人。

第三拨人，是艺人。

在时尚杂志工作过之后，我再观察艺人的视角，便发生了永久性的变化。如果要简单评价这种变化是好还是不好，我认为不好，它是一种职业病，会跳过其他感受直接进入条件反射。

比如，过去看艺人，会看这是一个大青衣，那是一个大武生，有没有代表作，能不能成为表演艺术家，最重要的是，是不是我喜欢的类型。鉴赏和评价只会出于个人的审美偏好。

但在工作的磨砺中，为了更准确地揣测到品牌大甲方的心思，我要刻意练习用他们的视角看待艺人。在奢侈品品牌眼中，艺人是品牌气质共同体，更是营销渠道本身。首先，艺人当然要足够出名，要有流量。但是具备流量，并不意味着就有"卖货体质"。"卖货体质"是我们在讨论中为了更有效表达造出的新词儿，用以形容一个艺人是否有足量的"购物粉"，艺人穿戴的品牌产品是否会被追随效仿。

我观察到的规律是，艺人的"体质"，和他本人真正具备的核心竞争力会趋向一致。比如，只有长相过硬的，主要粉丝会是"颜粉"；演技过人、作品过关的，主要粉丝会是"事业粉"。只有真正传达出本人生活方式，并对审美有独特追求的艺人，才具备"卖货体质"，拥有"购物粉"。而我们时尚媒体，也只有用对了具备"购物粉"的艺人，才能让围绕艺人的产品的露出和投入产生成效。从这些就能判断出，艺人相关是时尚杂志工作中最复杂棘手的部分。

第四拨人，是时尚媒体从业者，也就是我们这些人。

从 1988 年时尚集团成立以来，中国时尚传媒业的主要发展过程，就是把世界奢侈品品牌逐一介绍到中国来的过程，在这个过程中，也将这些"介绍"转变成了可持续的媒介发行内容。在前二十年，这一媒介基本以铜版纸杂志为主，辅以线下各种大型发布会、走秀和庆典活动。这二十年间，随着中国奢侈品购买能力的爆发，中国时尚传媒业仿佛展开了一场绵延的盛筵。我大概算是拿到筵席入场券，走进去，在觥筹交错中坐了一会儿，刚尝了两道菜，发现筵席其实正在进入尾声。

连环大补课

真正的统筹高手，要能做到洞察需求，再根据需求整理要素，把配置做好。

三十岁时，我写过一句关于成长的话，叫作："在游泳中学习游泳，在开车中学习开车，摸着石头是可以过河的。"而我确实只能是"在当主编中学习当主编"。前述提及的几拨人，我还没能分清楚，就必须迅速开展工作了。我现在的经验是，对待生活，一旦吹嘘自己都掌握都看透了，生活就会马上分分钟教你做人。我写过不少看上去挺通透的句子，结果这些句子都成了事先写好的人生教训的伏笔。

真正到来的超级连环大补课，是策划举办一年一度的"时尚COSMO 美容大奖"。这是一个护肤彩妆品牌和明星济济一堂的庆典活动，据说是中国第一个美妆行业大奖，在圈中被誉为"美妆界奥斯卡"。主要流程是：众明星众嘉宾红毯入场，各方致辞，现场演出，以及高潮部分——由各明星给各品类美妆产品颁发年度奖项。我此前提到的四拨人，会在同一个场合里出现的机会不多，因此这样一个盛典，绝对算时尚圈的高光时刻。

我在播音员生涯之后的主业就是做活动策划。一开始我认为这次终于来到了自己熟悉的领域。但项目启动后，我发现和之前最大的区别是：过去我负责搭台，我的客户负责唱戏；现在我既要负责搭台，还要负责组织唱戏。搭台是次要的，组织唱戏是主要的，且不单是主要的，简直就是活动顺利的全部需要。

那之前，我本来就认为有目的地建立人际关系最难，先得知道要办的事是谁管，然后还得能说上话。然后发现说上话不算难，难的是说上话之后，还要能办成事。那么品牌客户一方是人，明星一方也是人，都得先说上话，再说要办什么事。而品牌客户需要层层上报，明星经纪人团队严格把关，话得一轮一轮说，两边儿说，反复说过多次之后，一个意向才算达成，然后再是下一个。

来回沟通之中，我发现要同时满足两边的需求很像解逻辑推理题，比如，针对某个奖项的沟通笔记会就是一个题面，请听题：

A品牌团队的需求：如果能让甲明星给我们颁奖，我们还可以考虑再投个杂志栏目，同时请贵刊促成专访这位甲明星。

甲明星团队的需求：我们艺人的形象和A品牌不匹配吧，我们艺人可以给B品牌颁奖。

B品牌团队的需求：我们和乙明星有多年合作，我们知道她的档期很满还没确认，但只要乙出席，我们肯定就是乙颁奖。如果乙来不了，请贵刊提供第二方案的可选艺人名单。

乙明星团队的需求：我们艺人正在拍戏，档期很满，请确认能满足经纪人团队的机酒要求，团队是五人商务舱双飞，艺人是五星级套房，以及指定化妆师和造型师。此外，我们出席活动只能穿C家的衣服，戴D家的珠宝。

我们杂志的需求：少花点钱，多收点广告费，少得罪人。

请问：我们应该怎么匹配品牌和艺人？

这样沟通下来，我发现这件事的本质不是什么人际关系，是统筹各方需求。并且，我还是把主编身份看得太重要了，因为各位明星、各家品牌本质上和主编这个人没关系，都是和媒体平台的关系，主编本阶段只是这个平台资源的统筹和匹配者。真正的统筹高手，要能做到洞察需求，再根据需求整理要素，把配置做好。配置做好了，再传播到位，媒体就体现价值了。

至于说时尚杂志的主编可以像影视里面的主角一样力挽狂澜，统揽全局，从无到有建立风格，甚至开创流派，也不是不可能，但我判断那需要和各种飞轮转动一样，得经历九九八十一期月刊的历练。

现在的人们未必记得 2015 年的娱乐圈了，我可是记得清清楚楚。那年的艺人们也早就忘了这样一场活动，但我对他们中的几位如数家珍，因为曾经操碎了心。这里面最费解也最难匹配的就是咖位。咖位也可以叫娱乐圈江湖地位。在其他行业，江湖地位或许是虚名，但在娱乐圈，有名就意味着会名利双收。

艺人首先是个职业，为社会大众提供娱乐价值，咖位就是这种娱乐价值的综合评价排序。但都说文无第一，武无第二，什么才是正确的咖位排序呢？粉丝心中，杂志心中，品牌心中，艺人自己心中，至少就存在四种。但人往高处走，每个艺人都希望在红毯上出现得晚一点，座位靠前排一点，颁的奖重头一点，拍照站中间一点，反映在需求上，就是每次活动的咖位都能有一点点进步。

但当艺人及其经纪团队想实现跨越式进步的时候，提出的需求往往让人吃惊，怎么形容呢，这就好比我受邀参加中国作家榜颁奖典礼，确认出席的时候跟主办方提出要求说:"我希望和余华一起走红毯,吃饭坐刘震云旁边。领奖的话只能接受名次在莫言后面,他金奖我就银奖,希望你们看着办。"

当艺人提出这种要求的时候,应该先低头看看自己的作品。从我经营创业公司的长期视角来看,不管短时间内有什么怪现象,咖位归根结底还是市场给的,取决于艺人提供娱乐价值的程度。艺人的业务能力很重要,拿演戏来说,只有好的演技才能把人物塑造得真实可信并让观众共情和代入。观众给你时间和精力,对你的要求就是:要能跟着你一起沉浸入戏。但你演得实在太假,观众刚要夺眶而出的眼泪被你生生憋了回去,你就很讨厌。

所以我在匹配资源的时候会不会掺杂个人好恶呢?答案就是会,就是要排斥业务能力不行的艺人。或者说,业务能力不行,我谨代表市场告诉艺人这条道路它就不可能顺畅。从这个角度说,媒体这个东西肯定带价值观,因为媒体是人办的,是人在选择让谁被更多人看见。但咖位最终是市场给的,如果业务能力一直不行,无论他在 2015 年对媒体有多么愤怒,也大概率会消失在 2022 年的娱乐圈里。

风华绝代

热爱不是用来思辨的，热爱在思辨到来前，早就产生了。

总结完前面两段，我也看出我和这份工作之间的问题了。其中最根本的也是凭努力无法填补的是：我对此缺乏沉迷，也缺乏爱。

好工作和好的恋爱一样，足够迷恋其中优美灿烂的部分，才能忍受其他时刻的煎熬，因为这两面总会相伴而生。但如果无法在心中为之尖叫和燃烧，付出就失去了根基。后来我明白，在很多时尚爱好者梦寐以求的场合，我也没有能享受当下，我总是在解决问题。

那在我短暂的主编生涯里有没有仿若电影中的女魔头那样缤纷绚丽、气场全开的时候呢？也是有的。

首先时尚杂志主编一定会先有一个年轻女生来当助理，我也有。不同的是，在电影里，女魔头要教给女孩什么是时尚圈，怎么闯荡时尚圈，还要有意无意给助理气受，令女孩从头到脚脱胎换骨。但我和助理的故事略有不同。

在我初来乍到的第一天，时尚集团的人事负责人就领来一个大学刚毕业的女生给我面试。女生姓金，长头发从上到下染成金黄色，长条脸，身材挺顺溜，和我差不多高，穿着浅色的短裙。以我对当下潮流的掌握，一般头发染成这样肯定要配全妆，但这个姓金的女生当天只涂了粉底，显得小脸煞白，我猜这一定是收到过面试不要化浓妆的提醒。

进来以后，我注视着她的眼睛，她也直愣愣地看着我，我俩互相瞪了一会儿，我就问她：

"你英文怎么样？你能看邮件和回邮件吗？"

"能！"她非常迅速而且昂扬地回答。

上来就问这个，是因为当天我正好收到了来自赫斯特集团纽约总部的邮件，而我英文公文写作不太行，回邮件时又想显得自己并不差，正在埋头修改润色的时候，这个女生恰好进到了我的办公室面试。

"你怎么判断自己能？"

"我刚考了雅思！"

"你要出国念书吗？"

"出不了，因为雅思分不够。"

"……"

这样坦白的回答让我有点意外，只好再次和她互相瞪着。我注意到她为了素颜连眼线和眉毛都没画。这也太素了，我心想，但底子挺好，化一化妆能好看不少。

人事负责人赶紧问她："其他你还有什么擅长的，再给主编介绍一下。"

这个女生继续昂扬地说："我能积极沟通，遇到事情不懂就问，做好准备从最基础的工作开始学习！"

我猜这是她死记硬背的稿子，立刻打断，采取突然提问法："你觉得什么是时尚？"

她马上回答："我看了您的两本书，好像没写到时尚。但您现在定义什么是时尚，我现在起就觉得什么是时尚！"

这个反应能力很出乎我意料，虽然什么都没答，但我竟然还感到有些逻辑。

我总要问出点儿她自己的见地，就追问："你来时尚杂志面试，你认为时尚杂志是干什么的？"

"就是每个月给大家出一本好看的杂志，让大家去里面找自己喜欢穿戴的东西，自己觉得好用的方法，自己认为值得做的事！"

这个答案出来，她的面试就已经通过了。或者说在我这个主编这里，有两个重要因素她都具备了。

第一她昂扬，不是装的。

我挺喜欢这种昂扬，说明她要么天生昂扬，要么就是已经过了迟疑扭捏时期，意味着我们未来的交流可以免去费力激发，最好也免去安慰环节。

我和年轻小朋友一起工作过，最大的难点在于，工作中的关注点会逐渐从项目本身变化为小朋友的情绪处理。一开始是大家共同面对工作，然后就变成要先照顾小朋友的情绪再面对工作，过程中需要及时给出恰当的鼓励和批评，必要时还得进行深度谈话，久而久之，工作推动起来就很辛苦，因为事情被复杂化了。

这样脆弱的小朋友，很有可能是把自我先预设为弱小的。为了抵御威胁，就得对别人的态度保持敏感。还有另一种小朋友，他只顾盯住问题，而不是自我；他也会感觉到强弱，问题小他就强，问题大他就弱。也会来问我是怎么回事，他怎么能变强，同时并不担心我会批评他的弱。因为强弱在问题面前是客观的，这一点，他在过程中自己已经知道了。

这个女生在面试中展现出的第二个因素更重要，因为她的回答说明了她对事物的认知，是人本主义的。

时尚杂志中的人本主义就是：人是中心，人比东西重要。一切物品和生活都在等待人的挑选，而人在等待对自己的发现。时尚杂志里的东西再斑斓，美景再灿烂，也是为了给人看。人看杂志是为了参考，为了收集信息并完成挑选，然后合上杂志，带着更完整的意向，去过自己的生活。

后面我又问了什么面试题，现在已经忘了，只记得我其实并不是通过考核她的技能录用了她。或者说，当时我就知道，她的强项不在于技能，对足够年轻的人来说，技能都是可以在时间中学到的。

她很快就入职上班，我们互相加了微信，她的微信头像是个卡通人，名字叫小金金。

小金金入职以后，我很快就发现了两件事，第一件事是：由于主编和助理都是新人，我俩在工作中压根无法互相参考和分摊难度，只能分头摸索各自的工作。每当我们俩迷惘对望，我也曾涌起过那么一丝丝后悔。第二件事是：雅思分数确实反映能力，小金金的英文公文写作能力并不比我好多少，她帮着写完的邮件，我还得仔细查看一遍，并没能实现分工和偷懒。

好在，后来的工作说明，我有一个判断始终很对，那就是小金金只需要来自我的有效建议，不需要来自我的情绪安慰，当我们终于一起把事情办成，那就是最大的安慰。

其实还有第三件事，我一点也不意外：自从入职那天起，小金金就快乐地化起了全妆，睫毛精细根根分明，眼睛比面试那天大五圈儿，非常匹配她的金色长发和小短裙。

有了助理小金金以后，我俩出门开会都走在一起，有了一老一少的搭配，我看上去更像一个主编了。

如何能看上去像一个时尚杂志主编，我在入职之前是研究过的。一个人的气质取决于能力模型和生活方式，主编也是。主编本身是媒体工作者和文字工作者，这部分我在比对之后感到自己异常胜任。但时尚杂志主编又不同，还需要在沟通和书写的同时展示生活方式，有没有这个主编气质，就要看看我是什么生活方式了。

我把握发型和化妆的能力相对稳健，是因为在大学期间就接受过出镜训练。我身穿正式场合的裤装裙装服帖，尤其脚踩高跟鞋如履平地，是因为在外企工作过三年。但我认为这些都不是生活方式，只要是规定动作下的职业形象都不算是。真正的生活方式是当你脱掉演出服，完全由自己来支配思想、时间、身体和金钱的时候，你到底会怎样生活。

我们所有人都渴望的自由，实际分四种：思想自由、时间自由、身体自由和金钱自由。我们常说的金钱自由，其实是用来实现前面三种的。当有余地能够实现相对小的自由的时候，你会如何选择和安排自己很重要，等有一天你获得了更大的自由，你就会在这基础上放大选择和安排自己，那就是你的终极生活方式。

我认为，真正胜任时尚杂志主编的人，需要深深沉浸在追求时尚的生活方式里。

践行这种生活方式的有很多人。广义的时尚圈，本来就还有第五拨人——时尚生活方式的实践者和追随者们。现在提到消费品，动辄就提到人、货、场的概念。时尚行业也有自己的人、货、场。人就是我之前列举的四拨加这第五拨，货就是时尚消费品，场就是涟漪一样渐次扩散的时尚圈外沿，这里举办着生活方式的连续展览。

这里说的展览是个比喻，因为时尚主要靠视觉手段传播。只要有人在让自己的视频或图文或街头行走被观看，就可视为一种展览动作。这样的展览里包含着大量的人和物、行为和观点，也早就贯通了线上线下。可以这么说，时尚圈的核心层，负责展览和演示，时尚圈的外层，负责观看和接收。这些观看者和模仿者、实践者和追随者，实际上一起构建了边缘广阔的时尚圈。

所以从这个角度看，时尚圈和其他行业圈的人一样，被什么点亮、激发了大脑，就会追求什么，就对什么津津乐道、兴致盎然。在踏入时尚圈之前，我曾经对时尚的狂热爱好者有过成见，认为"不克制""没必要""不值得"，但在和他们共事中，我发现他们眼睛里的光亮和别处的热爱是一样的。人能为热爱之事全情奔赴，就值得庆祝。热爱不是用来思辨的，热爱在思辨到来前，早就产生了。

我虽然远远达不到热爱的程度，但在群星闪耀时，我感激过这份工作，它让我在某几个瞬间见识到那种全情奔赴的激动。也让我了解，做时尚杂志主编真正的高光时刻，不是被美酒、华服围绕，是参与和见证发生。

小金金说她目睹我出场最帅的一次，是拍摄一位顶流女明星的九月刊。所谓金九银十，九月刊是时尚杂志界默认一年中含金量和咖位最高的一期杂志，要排期给当年的顶流明星。同样，拍摄配置一定是最强阵容，包括最好的摄影师、造型师、服装师、编辑和经纪人助理一干人等。

那天我到摄影棚时，各工种已经就位，我进场时看到现场人数先吃了一惊。小金金说她看见我披着黑色风衣神色冷峻，大步穿过迅速分开的人群，径直走到监视器前坐定，远远地对着已在灯前就位的女明星点了一下头。这时候全场安静下来，只见我接过小金金买好的红茶拿铁抿了一口，然后对一旁的摄影师说了两个字："开始。"

但我的记忆不是这样的。那是我第一次主持拍摄重要的九月刊，心里没底。作为新主编，我还没有面见过这位女明星。为了出片保险，开拍前在办公室里和摄影师、造型师、服装师沟通了好几套方案，但女明星经纪人表示几套太多，会拍得太累。这句倒不是重点，重点是他还表示了"之前的主编可用不着拍这么多！"

到了现场，我看到黑压压一片人，顿时感到这么多人看着拍好几套，果然是太多，后背已经微微出汗。至于看到监视器之后没有说话，是因为当时就被屏幕上明星刚刚留下的试光照震惊了。我知道顶流女明星长得很美，也早都在各处屏幕见到过她的美，但都没有眼前此刻这盛妆的美貌生动和不可思议。生命多有不公啊，世间这么多人，现场也是黑压压围着的人，只有中间灯下这一人，拥有着造物主的恩宠。

摄影师按动快门，我持续盯着监视器里女明星的脸，脑海中闪过四个字"风华绝代"。我意识到，这脸不是她自己的，也不是我这期封面的，这脸会是一代人的。今天难以复现的氛围和灯光，明星当下一个稍纵即逝的表情，当快门按下，因缘都在这里际会。当我选择用这一张而不是那一张照片，会就此留下一幅时代中的图像，这张图像会随着杂志发行遍布大街小巷和无数张屏幕，融汇成为长久的符号。

在时尚杂志的所有工作中，那是我第一次体验到从时尚到经典的时刻。

都是运动员

这是所有女性运动者的聚会，所有的运动者只有名字，没有身份。

大学刚毕业的头三年，我在北京国贸二座上班，上下班都要穿行过一整层的国贸商城。那里有一排排闪闪发光的橱窗，是北京奢侈品商店的集中地。那时候我一个月的工资只够买下大牌店里的一只钱包。

尽管如此，上了几个月的班，我就先去买了一只钱包。每次橱窗上新，我和同事们经过时都会仔细端详，并互相发问："这些大牌为什么能卖这么贵？为什么又能让我们这么想买？"

其实为什么想买，自己是知道的。因为我们这些职场新人羡慕的那些前辈，在结账的时候都会掏出这样的一只钱包。不只是钱包，她们还有配套的大牌手提包、手表、鞋子、套装，有时候我们还能看到她们的车和伴侣。这一整套融合在一起，笼罩着精良生活的光晕，像带着从来如此的漫不经心，又像是对自我拥有确凿的认定。她们是什么时候开始拥有自己第一个大牌的呢？她们是按什么顺序渐渐搭建起这一切的呢？一个人是不是如同忒修斯之船，当身边的物品一件一件被替换，我们最终就变成了她们那样厉害的人呢？

那时候我还不了解什么是消费主义，一心只想成为一个厉害的人，我看不清厉害的内容，但我能看清她们的装备。我想，至少可以先拥有装备，这也许是一条捷径。没有办法，想要显得比别人厉害是人的天性。

装备确实是一件一件积累的，一件一件买不是因为克制，是因为每个阶段的能力只够买上一件，对于随时能买的人，也就不叫奢侈品了。从钱包之后，我按照心目中厉害前辈们示范的架构做了购物清单，现在看来很像另一种路径的游戏练级顺序——钱包之后是提包，提包之后是表，表之后是鞋，鞋之后是围巾。书籍对练级顺序的影响也会很大。我青年时代熟读亦舒的作品，认为亦舒女郎就要开奔驰、戴劳力士、穿白衬衫，要独立；亦舒女郎还要有一天遇到一个眼神干净的男生，对她一见钟情。在搞不清楚用什么可以确认自我成长的时候，这些曾经在我看来都是不容置疑的标准动作。

除此之外，提供练级权威指南的当然就是时尚杂志。成为主编以后我才知道，《时尚COSMO》的版权来源 *COSMOPOLITAN* 实际上是一本以讨论两性话题为核心内容的女性主义月刊。以美国版为例，每期大致会包含三分之一的两性话题，三分之一的服饰穿搭话题和三分之一的妆容话题。当版权来到中国，经过本土化调整后，两性话题被明星和榜样人物的生活方式和观念采访取代。而服饰穿搭部分演变得更为极致，几乎每一件单品都是奢侈品，还得是当季新品，最好是限量的。可以说，如果你持续地阅读时尚杂志，就会日渐形成一个固化认知：时尚的就是奢侈的。

我在很长一段时间里也是这样认知的，包括在做活动策划公司时期，我有个做品牌公关的朋友一度建议我要买个爱马仕，说这样去见客户显得更自信，报价更坚挺。我于是买了一只银扣铂金包，拎着见到她，她说你这样拿着不对，显得过于重视，得在开会和吃饭的时候随意地扔到地上才行。再下次见面我扔到了地上，她说，还不对，你不能每次扔到地上的都是同一只爱马仕，咱们得换着扔。从那以后，我就对爱马仕绝望地免疫了。我知道，使自己显得更厉害是人类的天性，人类为了满足虚荣心和彰显身份，还创造出了一大堆东西。但除非成为真正的人民币玩家，否则实在无力长期执行。

成为主编之后，我得以近距离认真观察品牌，恶补了足够多的品牌故事和内涵，便开始明白了：被时间验证的顶级品牌，其材料、工艺、设计当然也都是顶级的，但最终令使用者长久喜爱的，都是其精神内涵。

比如香奈儿，她是那个时代特立独行的存在，平凡却传奇，倡导越简洁越优雅，还将审美倒灌给上流社会。香奈儿一生都是 Coco 小姐，有浪漫的爱情故事，却从未有过婚姻，有着世俗生活难以企及的自由状态，一生毫无羁绊。香奈儿同时获得了平凡少女和贵妇的广泛热爱，是因为她似远又近，存在于她们周围，却又如活在彼岸。

爱马仕流传的故事更凸显的是用户。先是格雷斯·凯莉，她将好莱坞的镜像和王室的高贵结合在一起，凯莉包集中了女性热爱憧憬的一切元素。一位镁光灯下的王妃，隔着世纪向人们回眸，而香消玉殒又令她成为绝唱，也令凯莉包成为西方黄金时代的缩影。而铂金包的第一个拥有者是位骨骼清奇的模特。她拥有以她命名的爱马仕，对此却又不屑一顾，使用时会把爱马仕当作买菜篮子，也会随手扔在地上。这就是我那位朋友建议我去模仿的独特的对物质的态度——拥有一切美好的物质，却不被它驾驭。反过来看我，虽然拥有了爱马仕，但只要还在想着"应该把它随手扔到地上"这件事，就还是在被物质驾驭。

人们会爱上凝结着人类精华的东西，人类精华包括智识、审美和精神追求，卓越的品牌产出这些东西。卓越的品牌也都有着"卓越"的价格，而卓越的价格实际上是一个结果。我在恶补过程中，每次领会到漫长时间中那些铸就品牌的原因，都会油然生出敬意。每个品牌都有热爱它的特定群体，品牌会像它的用户，用户也会像这个品牌。而当一个品牌真正打动你的那一刻，实际上是它的精神内涵打动了你。

我在整个主编工作期间参加了几十场各种奢侈品品牌或知名品牌的发布和庆典晚宴，许多场景都美轮美奂，但真正打动过我的那个品牌，它不是奢侈品。

2014 年，我去了两次纽约：第一次是在春天，去赫斯特集团总部面试主编一职；第二次是在秋天，代表中国时尚媒体出席耐克在纽约举办的全球女性运动者聚会。

运动品牌做活动一贯是热烈而松弛的。聚会在傍晚开始，我看到许多来宾肤色各异，和我一样都穿着品牌方提供的全身运动装，用各种语言高声谈笑着，在活动大厅门口等候入场。

签到时我被贴上一个臂贴，上面并没有惯常的"媒体"字样，只写着我的名字。我再看周围人的臂贴，也没有谁是"嘉宾"，谁是"VIP"或者"演讲人"。这时有人互相认出了彼此，并开始热烈拥抱；还有人高声读出一个名字，突然就紧跟着一阵欢呼，然后有更多人簇拥过去。我非常好奇地观察着这一切，看到几乎所有的来宾都是女性，几乎每个人都很兴奋，还有些人快乐到在原地蹦跳，显出满怀期待的样子。这种氛围我似曾相识，再加上满场数百人身上的运动装备，就像女子马拉松比赛前，大家正在跃跃欲试等待发枪的阵势。

等到活动大厅的大门洞开，大家鱼贯进入会场时，同行来自VOGUE中国的女生和我已经走散了。找座位时我听到有人在说中文，走过她时我看了看她的臂贴，上面写着"Li Na"！这个骄傲的名字让我心脏一震，才明白了刚才排队的时候大家为什么会惊喜和欢呼，原来今天这里来了许多伟大的女运动员呀！现在她们就在我周围，而我就在她们中间！

这时我再一次环顾四周，仔仔细细打量每一个看上去像运动员的人，才发现，无论肤色和年龄，她们穿着运动衣的样子全都健康坦然，她们的皮肤也都像经常流汗一样均匀平整，我根本猜不出她们谁是运动员，她们每个人都像是运动员。

大家逐渐坐好，场地中超大的LED屏开始播放缤纷闪回的画面，是耐克的经典视觉印象，像在集齐世间运动者的人生瞬间。我发现这些瞬间之中，只有很小一部分是夺冠和冲线的高光时刻，里面更多的是在记录惊慌、困惑、悲伤和恐惧，还有那些在折磨和质疑中的呼吸和哭泣，在现场被放大了数倍，真实得令人心碎。之后画面越来越快，完全吸引了观众，动感音乐也迅速覆盖了画面的原声，在画面和节奏最高潮处，一切突然戛然而止，全场黑暗寂静，我赶紧睁大眼睛注意下一步舞台上会发生什么。

背景灯光再次渐渐亮起，在越来越清晰的鼓点声中，舞台上出现了几排有型的黑色剪影，随着剪影的出现，LED背景屏上显示出了一句话：

"I am an athlete.（我是一个运动员。）"

于是台下的观众开始随放大中的鼓点一起大声说出"I am an athlete！ I am an athlete！ I am an athlete！"众人一遍又一遍反复念出

这句话，一开始声音坚定，后来充满豪情，再后来声音越来越大，像终于胜利的怒吼。在鼓点的最响处，全场灯光骤然亮起，我迅速认出舞台上的身影，那个笑容满面的亚洲运动员就是李娜！

此时台下响起成片的欢呼，好像我前后左右每个人都在挥动双手，同时大声喊出她们喜欢的运动员的名字。台上的人听到欢呼也张开手臂回应，台上台下两群人快乐地持续地隔空拥抱起来。欢呼持续了好久，我感到热情的人群真像海洋，波涛已经把我包裹在里面，一起包裹我的还有现场的鼓点和光芒。我感觉到光芒不只来自通明的灯光，还来自台上耀眼的运动员，还来自周围所有人一起迸发的勇气。与此同时，我还能清晰感觉到，这光芒也来自我自己的身上。我和这些光芒中的力量融合在一起，被贯穿，被深深地洗礼了。

我也一直注视着李娜，和她一起不停地笑，感到此时此刻我和她有某种联系——就像看澳网决赛直播的时候，我希望我的祝愿能隔空传给她一样，此时此刻她的力量也在这片欢呼声中不停震动，传递给了我。

这个环节进入尾声，大家正在安静下来时，坐在我旁边的陌生女生突然拉起我的手再次举高呼喊："We are athletes！（我们是运动员！）"

我一愣，过了一分钟才偷偷对她说："我其实不是运动员哦。"

她哈哈大笑起来，拍着我的手臂说："我也不是运动员！但我们今天在这里，我们就都是运动员！"

之后是健身聚会，可能是和我一样接收到了力量，所有参加者快速转移到下一个活动区时，明显都还很振奋。而那天最令我震撼的一幕在这时候出现了：在集体活动区，在如同夜店一样的变幻灯光里，在强劲的音乐节奏中，来宾们纷纷脱掉外衣，露出里面的紧身运动衣开始做准备活动。我看到她们的身材时，已经完全不会留意她们穿着什么衣服了。原来真正厉害的人，装备都隐退了，手中已无剑，本身就是剑锋。

运动正式开始时，在场地的中央和四方，缓缓升腾起五个发光立方体，紧接着从人群中走出了五个运动带领者，每个人迈步站上了一个立方体。立方体继续升高，当场地内的缤纷柱状灯光随音乐扫过时，我看到她们的身体肌理起伏，像雕塑一样。

那天大家一起做的徒手运动是 HIIT（高强度间歇训练），之后的很多年我做了无数次 HIIT，都没有那天体验到的那样不知疲倦。我在梦幻一样的音乐和灯光中蹦跳，流了很多很多的汗，汗水流进眼睛里，我再仰头看立方体上的人，她们背后洒下金黄色的光柱，迷蒙中仿佛奥林匹亚山上的众神。

这时候，我理解了耐克这次活动的寓意，这是所有女性运动者的聚会，所有的运动者只有名字，没有身份。当所有人聚在一起，振奋和能量都被放大，并互相传递。然后，从中先走出了顶尖运动员，走上舞台；又走出了运动带领者，走上立方体；所有的人皆为运动者，一起运动流汗，一起感受运动的美与力量，感受自己的身体。

所有人除了我，也许都是运动员，也许有一些是运动员，但这都已经不重要了，因为此行我见到了那么多好身材的人，好身材的内里是运动员精神，是经历惊慌、困惑、悲伤和恐惧之后的勇气。后天练就的好身材一望便知，望得见背后数不清的时间和重复，在运动中的沉浸。好身材才是真正的奢侈品，倾尽资源才能够拥有。在那天的汗水中，我做了一个决定，我决意选择做精力和身体上的富人。

那个时刻距离今天已经过去八年了，回忆如此清晰，就像此时的我依然在场。我举办过很多活动，也参加过很多活动，时间川流不息，司空见惯的人与事会飘过，可遇到那些特定的东西，我还是会被深深打动。当然，我可能只看到了我想看到的东西，一个人一辈子总是看到相似的东西也说不定。

　　总之，要问我在当主编的两年时间里看到的什么最美，什么最时尚，什么最奢侈，我会说：

　　人本身最美，运动最时尚，健康最奢侈。

　　这些都不是能直接买到的东西。

沙田马场

"您应该用这个时代最大的效率，去做自己一直想做的事。"

到了 2014 年冬天，在香港沙田马场的午宴上，发生了一件事。

午宴是赛马会冠名品牌浪琴举办的，请来了代言人彭于晏。彭于晏就坐在我的左侧隔壁桌，吃饭过程中我至少偷看了他五次。到第三次的时候我意识到其实不用偷看，因为我是时尚杂志主编，完全可以在适当的时候站起来和他聊两句，并发出采访的邀请。可是我并不好意思，毕竟喜欢就会克制。我当然喜欢彭于晏，除了长得好看，他还拥有好身材这样的奢侈品，是精力上的富人。

为了符合香港赛马会的着装风格，主办方特意为"临时观众"准备了盛装帽子。"临时观众"是我对像自己这类观众的称呼，也就是之前不以看赛马博彩作为生活方式的路人观众，比如，我既不知道当天参赛的马匹是谁的，也对彩票号码毫无感觉。

但戴上帽子的我就不同了。经典赛马会的礼帽都有着随帽檐搭下来的薄纱，我就先把薄纱转到帽子的左侧，再把薄纱拽低，低到刚好遮到我深邃双眼的位置。然后吃饭的过程中我就可以用左手优雅地摇晃着红酒杯，不经意地频频转头喝酒，同时尽情地向左偷瞟彭于晏！我一边看着他和主办方谈笑风生，一边给自己打气，盘算着找什么时机能够起身上前发出我的采访邀请。偷瞄过程中我的选题也已经构思好了：就让他给《时尚COSMO》的读者聊聊好身材如何练成，也聊聊他的生活方式。这些虽然我早就在各处媒体搜到并读过好多，但如果他可以面对面看着我的眼睛再聊一次的话，谁不想再听一次呢？

"看来王主编很喜欢彭于晏呀！"同桌对面的浪琴品牌公关负责人突然说话，吓得我左手的红酒杯一歪，只好赶紧坐正，参与回本桌的谈话中来。

"对呀，我在思考'主编会客厅'这个栏目，可以做个彭于晏的专访。"我一本正经公事公办地说。

"这个想法好呀，我们市场部可以配合这个栏目啊，咱们一起做个专访方案！方案出来我马上就给他的经纪公司看。"公关负责人立刻进入了工作状态。

我心一沉，心想果然公事公办，站起来先聊两句打个招呼这么简单的事，这就绕到做方案看方案的线程了。

还好公关负责人又说："第一场比赛马上开始了，咱们去包厢下面的围栏旁边看呀，离得近，看得清楚，气氛好，等回来我把彭于晏引见给您，你们先认识一下！"

这回踏实多了，我连忙跟着大家走到了围栏旁边。人越聚越多，很快第一场开跑，赛马呼啸而过，欢呼声淹没了赛马场。

几圈赛完，我刚要随人群回去包厢，一个人忽然用普通话叫住我。

"您是王潇吧？"

我面前是位中年男性，那天阳光耀眼，他戴着墨镜，我仔细看了看，确定我并不认识这个人。

"我家里有好几本您的书呢，我太太还参加了香港趁早读书会。"

我马上理解了，这是一位我读者的家属。

"您的书我也看了，很有帮助。我太太说，她很喜欢香港趁早读书会，但是活动总是不定期，每次的组织也有点乱。她还说，您书里写过您之前就是开活动公司的，如果您管一管，读书会的活动就能更好。"

这不是我第一次听到关于趁早读书会的建议了，实际上趁早在全国有上百个这样的读书会，从 2014 年开始陆续出现，也就是我当主编这一年自发建立的。由于完全自发，发起人的组织能力肯定会参差不齐，于是每次遇到反映问题，我都需要给读者解释一下原因。

"是啊，香港趁早读书会是在香港的读者自发组织的，全国在今年一下子有了两百多个这样的读书会。我和同事联系到了其中一些会长，给了一些建议，香港的会长现在还没有建立联系呢。"

"那您想没想过，可以通过线上的方式，管理和推进读书会呢？"这位先生摘下了墨镜，表情非常诚恳认真。

"还有，我太太说，她发现趁早读书会里的人都很像，这些人都想交到同类的朋友。交朋友，是想从朋友身上学东西，就像您书里的这些东西。我太太说，她觉得女性成长这方面，写得最好还能拿来用的，就是您了，她特别希望这些东西能够是课程或者类似的内容，每天都能听，每天都能用一点。我替您想过，这个实现方法，用分地域的线下读书会是不行的，得是移动互联网。"

我听过一些意见和建议，但是提出归提出，会帮我思考解决方案的人是很少的。这位读者家属的表达清晰又认真，我赶紧问他："您是做什么工作的？"

"我在一家券商公司，特别忙，都是周末看赛马减压。我知道您现在是时尚杂志主编了，但是恕我直言啊，时尚杂志马上就是过去时，您要做的事，在时尚杂志实现不了。您有观点，有读者，又一直创业，您应该用这个时代最大的效率，去做自己一直想做的事！"

我被他语气里的坚定吸引了，继续向他提问。接下来，关于什么才是这个时代最大的效率，什么是自己想做的事，我和他站在香港沙田马场围栏边暴晒的阳光下，在来往赛马的奔腾中，谈论了足足半个小时。最后我们互相加了微信，临别时他说："您应该需要建立新团队，您也可能需要融资，我帮您问问，看谁会感兴趣。"

我一转身，这才想起还有彭于晏，赶紧跑回午宴现场，发现彭于晏那桌和我们这桌，早已经空无一人。

三个月后，这位读者的家属在微信上给我推来一个人，说是个人投资人。这个人和我交流之后，又给我推来一个人，说是一个机构投资人，可能会对我要做的事感兴趣。这个机构投资人和我见了面，又正式给我介绍了一个人。最后这个人，成为趁早的首轮投资人。

2015年盛夏，我离开了时尚集团，决意正式做自己真正想做的事情：趁早。

我从时尚集团什么也没有带走，除了小金金。

Chapter
Two

第二章 忒修斯之船

人切不可从事自己都不相信的东西。

在这本书里，我把人比喻成忒修斯之船。旅程中，为了能够持续航行，你会或主动或被动地更换船板，旧的换成新的，破损的换成完好的，不停加固和翻新。等你换了足够多的船板，就已经不是原来的那条船了。

对于人来说，这不断更替的船板并不是肉身，而是认知，是观念。

如果有些船板天然就薄弱甚至缺失，换掉是唯一的方法，否则，它们的存在会让船徘徊不前甚至倾覆；但是换错船板，也会让船徘徊不前甚至倾覆。

这一章，我用来记下我这艘船所经历的最大教训：

人切不可从事自己都不相信的东西。

蛤蟆的油

我这只蛤蟆出的就该是自己的油，掺和了别的油，就不是这只蛤蟆了。

2016 年，我的公司已经在一个新创业园区开工。说是新园区，就是在新的创业概念下对旧厂房进行了粉刷和改造，这样的园区每平米租金更便宜。虽然刚融了资，但趁早的主营业务尚未在文创产品之外做更多拓展。账上有钱只是让创业公司的生存压力减轻，具备现金流产品和业务才是根本。这时候距离 2008 年初次创业，已经过去八年了。就算业务方向发生过变化，但在我的认知之中，企业经营的基础原理没变，就是要满足市场需求，创造价值，创造价值的结果就是带来收入和利润，周而复始，于是企业得以运转和壮大。

也是在这一年，有一类业务开始突然兴起，遍地开花，叫作知识付费。

人们几千年来早就在为知识付费了，譬如买书、上学、参加辅导和培训。这回的知识付费略有不同，一个区别是人人都可以通过在移动互联网发布课程而成为老师，另一个区别是人人都可以通过在移动互联网购买课程而成为学生。

三人行必有我师，意味着只要具备养料和示范作用，不是以教学为职业的人，也都可以是某个方面的老师。知识付费兴起之际，我突然想到黑泽明传记《蛤蟆的油》里对蛤蟆和油的描述——他说他家乡有一种蛤蟆，在受惊吓之后，会吓出一后背油来，而这油特别名贵。他在自传里用这个来类比导演和才华，但有两个条件，第一得是特定品种的蛤蟆，第二得受惊吓，少一个都得不到名贵的油。因此广泛的知识付费既然在开放的互联网上兴起，就能够通过自然筛选，涌现出很多的蛤蟆和油，这肯定是好事。

但随着知识付费迅速打开局面，我有点怀疑自然筛选的可靠性。

我的第一本书是 2009 年年底出版的，首次出版的名字叫作《女人明白要趁早》。我当初极力反对出版方加上"女人"二字，因为无论男女，谁不明白应该趁早呢？但是出版方强硬坚持，理由是《女人明白要趁早》能够更明确地对标读者群体，并可以暗示出这是一本语重心长的过来人"秘笈"，说白了就是为了好卖。我极力要求删掉，因为这个题目背离了书中所说的观念：我亲身经历并悉数总结了那些故事，恰恰是在说我决定自己先做个"人"，才能做个明白人。如果写了半天，结果只是告诉自己怎么做个"女人"，那我就还不是个明白人。我当然也希望这书好卖，但我这只蛤蟆出的就该是自己的油，掺和了别的油，就不是这只蛤蟆了。

当然，那时我尚未成为畅销书作家，在出版策略上毫无话语权，最后这份坚持以失败告终。举这个例子是想要说明，在知识付费爆款突然一夜之间遍布公众号的 2016 年，我发现全网女性成长类 Top100 课程都是以"撒娇女人最好命""读懂老公心思，做极品女人""女人这 10 个举动让男人欲罢不能"等两性关系类题目命名的。并且和我的书不同，这些课程虽然题目可疑，实则表里如一，打开一看，似乎果然是可以马上进行操练的方法论，让人跃跃欲试。有天夜里我还翻到一篇《魅惑控制术大全 72 讲——让男人俯首帖耳》，不得不说，题目起得极富煽动性，既量化了功能，又描述了结果，还言简意赅地给出了画面感，令人不由得想起自己前半生的情感挫折。要不是收费实在太离谱，我也想立刻下单学习了。必须承认，知识付费这个东西，有着许多浅薄的魅力，浅薄的魅力也是魅力。

这部分课程的存在我虽然不赞成，但是理解，毕竟社会在发展进程中，女性的生活状态区别还很大，人格独立、经济独立说起来容易，但真正渗透在生活中执行，变化是渐进的，总要先过好眼下的生活，这就会让五十万人买了"撒娇女人最好命"来听。

但看到五十万这种数据我就会产生一连串疑问：出产这类内容的老师作为一个女性，她有没有因为"撒娇"得到了"好命"？她是内心真的相信撒娇女人最好命，所以制作和传授这个内容吗，还是她根本无所谓相信不相信，只是像我的前出版商非要在"明白要趁早"之前加上"女人"一样，经由对市场销售的判断，杜撰了一套喂养需求的内容呢？再者，这五十万听过内容的人里，有多少本来曾经想尝试"努力奋斗最好命"和"依靠自己最好命"，但被内容蛊惑以后，真的自此走上撒娇道路了呢？

我在 2016 年里对知识付费的困惑主要在于，各种有体系或者没体系的知识都一下子参与了付费，遍布于移动互联网的大超市供人挑选。而我在现有的认知中，明知有些食粮没营养甚至有害，依然眼睁睁看着它们上了货架，再目睹它们被大量采购。

那么评价了这么多，我在当时做了什么呢？我当时什么也没做。

当时的我是个什么状态呢？就像是个着急修仙得道的小道姑，看到别的狐狸精迅速得到邪恶法力，觉得不对，感到生气，就这样，只好生着气继续修炼。

我在心中抨击了各种三十六法和七十二讲，但自己并没有启动撰写和制作任何一个付费课程。在这方面，我有种对于做老师这件事朴素的敬畏，我认为这依然是蛤蟆和油的关系——首先，老师需要是在特定领域有系统性定见，就像是特定品种的蛤蟆；其次，老师还要能够有一个足够精心的教研过程，教研就是针对教学的研究。特定领域的系统性定见是一门学问，怎么教人又是一门学问，怎么有效地把特定领域的系统性定见教给人，就成了两门学问的综合叠加。这个叠加就好比是蛤蟆的油。别忘了，让蛤蟆出油，条件还有一个：蛤蟆需要受到惊吓。

2016 年，我三十八岁，由于常年设计文创产品和目睹用户的使用，刚刚在时间管理上形成松散的系统和颗粒状的定见。也许在潜意识里，我还在等待那个出油前的惊吓。

这个惊吓很快就来了。不但来了，还变成了我绵延两年的业务困惑，或者说痛苦，或者说灾难。

合作养猪

这是决意更换船板的重要时刻，甚至要更换的已经不是船板，是瞭望台和桅杆。

都说自驱力是成长最核心的部分，现在看来外力也是。尤其当渴望成长但又方向不明的时候，外力的作用尤甚。外力会向你展示别人的成绩、闪闪发光的前景，对比出你的不作为和不勤奋。在其他生活场景中，这个外力会来自父母亲戚和同侪。而对于创业者来说，这个外力首先来自投资人。

2016 年年底，我自认为还在修炼当中，但是投资人坐不住了，专程从上海飞来，指出了我的一连串问题。

"其他创业者都是拿了融资赶快花钱搞事情，你竟然这么长时间了还没开始跑新项目。拿融资就是为了做两个动作，一个是拿钱在事上试，一直试反复试，一旦跑通了，就再拿钱放大，在放大的过程中继续调整。继续拿钱，继续放大。"

我心想他说得对，我这不就是一直在思考，应该聚焦到什么新项目上去试吗？

他继续说:"也不是说要你找完全新的项目,所谓新,是基于你擅长的和价值上的创新。趁早这么多读者,这么多读书会,你要思考大家来到趁早,一直寻求的价值是什么。然后思考怎么把这种价值产品化。你看最近这些知识付费,趁早怎么不做呢?我每天都看到非常多,你关注过吗?"投资人从兜里掏出手机打开屏幕开始翻找。

我心想果然,还是说到了知识付费,我猜投资人马上会展示给我类似"撒娇女人最好命"的界面了,一套威风凛凛的女性主义说辞已经在我心中冉冉升起。

不料他举起手机,向我展示了一个课程标题"让你月入两万的七天写作课"!这类标题我是见过的,看到的同时不假思索就会划过去,就好比看到"一个月增高 5 厘米""10 天轻 10 斤永不反弹""20 天流利说英语"之类的标题,都是新时代大力丸。卖假药的市场有一千种假药,但是跟我跟趁早又有什么关系呢?

我看看他,又看看这个标题,感到无从说起。按说这个投资人和这类标题之间绝无共同语言,他毕业于清华大学和斯坦福大学,这一路走来,别人也许不知道,他绝对不可能不知道学习的真谛。井得靠一尺一尺打,饭得靠一口一口吃;所谓学习,都是深度学习,不存在浅度学习和速成学习一说。他来自风险投资机构,可能是个投机主义者,但绝无可能在对学习的认知上是个速成主义者。

当然就对学习的理解而言,我并不是说自己学得有多好,毕竟清华大学和斯坦福大学,我一个也没上过。这样理解,是因为曾经想随随便便糊弄的事,在我身上没有一个成的。

他看出了我的不理解,补充说:"我不是说趁早要做这样的课程内容啊,我是给你看这个手段,是互联网视频和音频手段。当然这个课是个爆款，像这种兜售捷径的虽然你我都不信，但是肯定会卖特别多。所以，趁早还是要赶快解决价值产品化的问题，产品自然会找到用户，用户也会找到产品。你不做，用户就找不到你。至于你做什么课，在什么平台做，还是做一个什么东西让趁早的人都来到一个平台，这是创始人应该进一步具体思考的东西。你有思路，我作为投资人肯定会帮忙，帮忙不添乱。但我建议你加速这个思考和决策的过程。"

我内心不禁再次赞叹，不愧是来自清华和斯坦福的人，思路依然清晰务实，他说得都对。我也的确一直在思考他说的事：趁早给用户提供的是什么价值？这个价值的提供形式是课程吗？渠道是产品吗？用户来到的是平台吗？我在 2016 年里一直没有清晰的答案。

经由他的追问，我感觉到了惭愧。这是一种身为创始人却举棋不定的惭愧，我意识到自己既不勇敢也不坚定。创始人的战略懒惰会有很多原因，可能是信息不全，可能是时机未到，还可能是能力缺失，预感到征程太难，迟迟不愿意开始。

关于我能力的缺失项，这个投资人是清楚的，于是他继续说："作为创始人，要能客观看待自己的弱项。也许就你这个人而言，它未必是个弱项，但是现在我们不是围绕具体的人讨论这个问题，是针对项目的实现和发展来讨论。缺人就要找人，把事办成，就要组队，你应该是需要找一个合伙人，补你的弱项，把趁早的价值用互联网手段产品化。而且一旦找人，就要开放，要慷慨，要信任。"

他说得都对，我虚心接受。但我还问了一个问题："那应该是方向明确再找人，还是应该先找人，再一起找方向呢？"

他于是又重复了一遍："要开放，要慷慨，要信任。"

他这样的回答也可能就是拐弯抹角地表示，我这个创始人在他眼里刚愎自用还抠呗。我可不承认。

我表示立马找人，希望他也帮我一起找到这个人。我期待这个合伙人的到来就像投资人的到来一样，能够让香港沙田马场的连锁反应再发生一次，这个人会循着层层推动的涟漪最终被推到我面前。

这可是忒修斯之船决意更换船板的重要时刻，甚至要更换的已经不是船板，是瞭望台和桅杆。

几个月后，确实有个人被推到了我的面前。

就趁早项目而言，在之后的一年中发生的挑战与试炼，看似是发生在项目上的，实则都是发生在我身上的，是对我这个人的挑战与试炼。五年以后的今天，当我第一次准备用文字复现 2017 年所有的至暗时刻时，我发现选错合伙人，就像选错人生伴侣一样，无论曾经产生了多少怨恨和指摘，你必须要意识到：这都是你自己做出的选择。

在每个人生阶段，被推到你面前的人都有很多。当一个人站在你面前，都会带着自己的优势和问题。你打量他，想让他的优势成为你的优势。但你忘了，他的问题也会成为你的问题。

其实每一个偶尔站在你面前的人，你本都有机会可以让他走开，成为陌生人，让他的问题继续，那是他自己的问题。但为什么你还是会打开门让他走进来呢？是因为那一刻，你对未来的贪婪覆盖了恐惧，是你自己准许了他的进入。

还有可能存在的一点，是你的谦虚或者不自信，让你认为自己也有问题，也有弱点。人当然会有自己的问题和弱点，但这并不能成为你让他进入的原因。你本就应该面对和解决自己的问题，这和让他人进入并不直接相关。

当未来没来，你也终于醒来的时候，才会对自己当初的糊涂感到不可思议。尤其不可思议的是，你会发现，每次怀疑对方的时候，你都能找到方法来说服自己。对，不是说服对方，而是说服自己。我的说服动作已经变得相当熟练，每次怀疑，我都对自己重复投资人和我说过的"合伙人九字真言"："要开放，要慷慨，要信任。"后来在各种劝和不劝离的婚姻故事里，我也认出了这套自我说服逻辑，那就是，为了更好的未来，人应该包容、付出、妥协和姑息，大家都有问题，你自己也有问题。

其实第一次探讨趁早的未来价值应该体现在什么产品上时，我就应该警觉。很显然，这个做过在线教育产品的准合伙人认为，趁早应该立刻杀进知识付费领域。当然，这是个结论，我从来不反对知识付费，我只是重视什么样的知识应该付费，或者说，趁早要带着什么价值杀进知识付费领域，我关注的是这一点。

他给出的理由是：因为知识付费处在红利期，增长迅速，可迅速做大，展开下一轮融资。以及他可以立刻操盘产品和内容，让下一轮融资发生。那么当下一轮融资发生，当他描述的一切被他的执行论证，当趁早的收入和估值都升高，他的持股份额就可以匹配估值来安排，他就可以成为真正的合伙人。

"啥还没干，就要安排持股份额了？"我立刻察觉到了这个诉求，但马上使用九字真言说服自己："要开放，要慷慨，要信任。"

在这里，我听到他描绘的第一个蓝图之后，先犯下了第一个错误。我认为他浸淫在在线教育里太久了，旋转在融资烧钱、疯狂拉用户卖课然后再融资的逻辑里出不来，我有必要对他进行关于趁早价值观的普及，从头介绍自己是谁，因何开始，趁早的用户是谁，他们为何而来。

介绍趁早效率手册长踞中国原创文创产品销量的前排，是因为我们卖的不是本子，而是方法论和精神。

他听完以后连连称赞："那太好了，多少在线教育都徒有皮毛，没有精神。有了精神，趁早一定会增长更快，估值更高，走得更远！"

我说："用户感受到价值就会重复使用，就会传播，增长和估值就会是结果。而增长可以让更多的用户更多地去使用和传播。"

他说："对，我们说的是一回事。我是从产品效率出发，你是从文化价值观出发，我们要做的是一回事，本来这两件事也会协同，随着公司发展，产品和文化会在中间相遇！"

我想说，不，不对，产品和文化需要一起出发，它们应该一直都在一起！但是我竟然没说出口，因为我脑中又响起了"要开放，要慷慨，要信任"。我认为如果说出来，就再次加强了不开放，就是苛求准合伙人必须立刻理解文化。我想，用人可用之处，趁早精神这么好，他一定可以在工作中逐渐理解的。

古人云："道不同，不相为谋。"古人全都说尽了。我们今天在这里发生的事，并没有什么新鲜的，而我们身在此山中时，依然执迷不悟。

如果以类比来形容，我和这个准合伙人是因为相亲在一起的。介绍人也就是那个投资人，是不是好人呢？是好人。介绍人是不是看到了双方的优点呢？也没错。介绍人还鼓励双方求同存异，过程中互相磨合，最终把日子过红火。那么我和相亲对象，最开始是不是都想一起建立新生活并且蒸蒸日上呢？不是的，他和我想建立的，根本就不是同一种新生活，从一开始就错了。

对我而言，趁早是个孩子，我要给她前半生的所有精华，也要让她做擅长的事情。对于孩子，不是知道厨师挣钱，我就会送她去当厨师。

挣钱当然也重要，但她在成长中进化成本身要成为的那个人，挣到钱的概率更大。

对准合伙人而言，趁早是只猪，甚至不是他看着出生的猪。他半途来到猪栏边一看，指出这只猪太瘦了，完全可以用他熟悉的办法立刻催肥，催肥到一定程度就赶紧拿去卖了杀掉。而养肥也有他的一份功劳，他也要成为猪圈的主人，也要分多点卖猪钱。

如此三言两语就能描述的显著分歧，是今天的我总结的。但是2017 年的我，竟然默许他开始养猪了。

他招聘了一个团队，开始做趁早 app。在 app 原型探讨构思阶段，我又犯下了第二个错误。

我指出知识付费对用户来说最大的问题是，付费得来的不是知识，是拥有知识的错觉。先不论买到的知识是什么水平，用户就和"买了卡就等于练了"的健身房会员一样，买了就等于学了。那么应对这个问题，产品就要能够实现"监督学"和"奖励学"。只有让拥有知识的错觉转变成行动，行动持续，知识才是真的，趁早才为用户提供了正向的价值。

准合伙人说："有几个人能持续行动？不要总是关注这一小撮人，服务这一小撮人，这样公司长不大。买卡不练又怎么了？先用希望吸引最广泛的人，让他们先拿上卡，实现卖卡收入最大化。"

我说："买了卡学了两次不来，不就和全网到处买了知识付费课程却学不完一样？他们不就又对自己失望了一次吗？买一大堆书放在家并不能改变人，甚至读完都不能，只有行动才能改变人！"

准合伙人说："你说的那叫行动付费，不是知识付费。"

我说："趁早属于什么付费都可以，名称无所谓，如果能真的帮到用户，意味着必须要叫行动付费，那趁早就是行动付费。"

准合伙人说："市面上做类似付费的都是工具类产品，工具类产品没有好故事，估值低，你说的这类，投资人也没见过有做成的。咱们要对标女性成长知识付费赛道，趁早机会特别大！真想做你说的这种行动付费也没问题，就等下一轮融资做完，用户体量更大的时候咱随时做，就是个新需求，两个星期代码就能写完。你没做过具体产品，现在都凭自己主观幻想，风险太大，这波不能论证，可就没机会了。"

说来说去，他总会绕回同一个逻辑。这也是当时创投界普遍认同的逻辑：先要公司值钱，再要公司赚钱。什么小而美，不存在的，规模效应先拉起来。从 2016 年到我此刻执笔的 2022 年，创投界发生了翻天覆地的变化，一切又都倒了过来，以至于后来常常会看到一个句式：当行业褪去浮躁，谁能把 ××× 做好，谁就会成为 ×××。这个句式告诉我们，一直不浮躁，一直理性，一直做好，就行了。

今天看下来，都是明明白白的，人生道理就那么几条，难的是一放进事情和环境中，人就会怀疑，就会担心万一，就会心存侥幸。

我就是这样犯下了第二个错误。准合伙人给我画了一张饼：先按他的思路拿到钱，拿到钱再按我的需求做。而我不仅同意了先按照知识付费功能来安排产品，还同意了让成本前置，加速完成产品，寄希望于完成这轮融资。

然而做着做着，我感到整件事越来越愚蠢了。

因为我发现，我明明是想培养一个聚精会神的孩子，却同意别人来教她，先让她习惯涣散。如果我明知什么才是能加强孩子核心竞争力的事情，难道不应该继续矢志不移地做下去吗？但是我没有。

在产品推进的过程中，我从未感觉到快乐，就好比知道自己即将穿上庸俗的衣服，住进装修蹩脚的房间。因为我很清楚，为了达成增长和融资，我放弃了自己的标准。无论健身、美容、工作、写字，所有呈现结果的事，内在道理其实都一致，都在于你是否经过观察和体验，给自己设立了人生标准。这个标准在你内心，达不到就难受，就辗转反侧。过别人的关也很重要，但过自己这关最难。

趁早 app 于 2017 年春节后上线，我打开看了一眼就关上了，因为这孩子已经长得亲妈都不认识。

那些连自己都不相信的价值观啊，风一吹就破碎，太阳一出就化了。

哲学自洽

我预感将面临一场质疑和打击，于是开口前，在心里默念了一遍事先准备好安抚自己的句子：他人的评价都是妄断。

回忆起 2017 年下半年，我的融资生活的状态就像每天领着个一身坏毛病的糟心孩子，奔走在去幼儿园面试的路上。为了孩子能通过面试有个光辉的未来，我作为当妈的承受了很多。过程中最怕的就是，被火眼金睛的面试者看出来，我这个当妈的其实嫌弃自己的孩子。

融资是锦上添花，是扩大经营，是试错的粮草，对于还没能靠新项目跑通增长和盈利的公司，融资还能续命。一旦决定融资，除了准备 BP（融资商业计划书），准备各种尽职调查材料，还要准备好心理建设。这个过程说好听些叫路演，其实也可以叫兜售。无论你多努力地兜售那点儿能力和才华，依然可能惨遭修剪。

但融资可以让你惊讶地发现，这个世界有这么多标准，这么多看待价值的维度，你竟然有机会这么高密度地回答各种意想不到的诘问。很多问题就像辩论赛的反方观点，一时间让人不知从何说起，如果真要说起，那还要围绕底层结构去拆解这个辩题。

像这样的提问包括：

"你知道我们一直不看好女性创业者，关键时刻情绪化，遇到挑战也不敢 all in（全部押进）。"

"你是北京人啊？我之前投过一个，做到一半说没想到这么累，不玩了，说家里还有五套房没必要累成这样。这就是你们北京人。"

"文科生的思维结构会和理科生区别特别大，一般是早期文化搞得好，产品有情怀，但后期很难基于数据做更多有想象力的事，而且特别在乎保护情怀。文科生创业，成也情怀，败也情怀。"

"你的读者都是冲封面照片来的吧？你今年 39？你觉得你的容貌还能保持几年？"

每次见完投资人回家的路上，我都觉得自己又老又疲惫。谈融资会让你的一个月像好几个月那样漫长，会让你嗓子干哑。如果你的自我认知本来就不坚定，还会让你在自负和自卑之间来来回回。

出来谋生久了，你得允许不了解你的人在刚开始的时候不信任你。但我意识到，我感到如此艰难还有一个原因，就是首轮融资太轻松了。工作和生活中最大的危险不是彻底的失败，而是成功了却全然不知成功的原因。

在香港沙田马场之后，经由几番人际关系，我见了一个也做个人投资的企业创始人。他听闻趁早有大量自发的社群，很想知道是怎么实现的。交流过程中，他了解到我的履历后，突然问我："你播新闻在中央电视台，做活动就做到了巴菲特、比尔·盖茨，做媒体就当到主编，写书就获得中国作家榜金奖是吗？你都是怎么做到的？"我之前没从这个角度描述过自己，但听他这么归纳，忽然显得自己还挺厉害。

我尝试整理了一下："应该是先研究擅长的领域，然后再沿着它训练能力，得有个长期重复训练的过程。等到遇见合适的事件和机会，重点能力已经训练好了。这里面也有运气问题，不过更多还是习惯问题。"

"比如说什么习惯？"

"做计划的习惯、深度专注的习惯、应对情绪的习惯这些吧。"

"要是把这些做成产品，你会做成什么？"

"我已经做了呀，趁早文创就是做这些的，里面有趁早效率手册，还有各种本子，每年有几十万人用呢。我还打算把这套东西挪到线上，让使用者也能到线上一起用、一起交流，就是还没想好怎么做。"

我看见这个创始人眼前一亮，他腾地站起来说："你做吧，我投你，你需要多少钱？"

"我需要两千万吧。"

两个月后，他向趁早投出一千万，他的相关机构，也就是那位清华、斯坦福投资人所在的公司，投出了另外一千万。

以上，就是我的上轮融资过程。

而到了这一轮融资，我第一个星期三发三不中，第二个星期十发十不中，好在问题的质量高了起来，终于从我身上转移到了逻辑和模式身上。

其中有过一次非常典型的对话，直接挑战了我的创始人哲学自洽。

什么叫创始人哲学自洽呢？我把"创始人"和"哲学自洽"这两个词放在了一起，用来描述一个我主观认为的、创始人在创业过程中必须完成的认知结构建设。如果你是创始人，那么做事的方法，思考问题的策略，什么是对、什么是好的定义，什么做、什么不做的标准，这些最基本的东西都是由你给出的。观点稳定，逻辑清楚，团队才有认知的基础，这些基础是干活的依据。

像我对准合伙人的心里没底，就是对他许多模棱两可的观点的质疑。我果然是个文科生。

对话发生在我和一个知名机构的知名投资人之间。他戴着厚底眼镜，头发蓬乱，坐在一张大方桌后面。融资到这个时候，我已经能够根据一些外表特征来预测对方的问题了。开始之前，这个投资人在椅子上移动了一下，我看见他肩膀处的衬衫软塌缺乏支撑，而肚子上的衬衫又涨漫起来，纽扣周围遍布皱褶。但他应该对肚子的情况不以为意，表情依然倨傲，脸上像写着五个字："来吧，说服我！"

我预感将面临一场质疑和打击，于是开口前，在心里默念了一遍事先准备好安抚自己的句子："他人的评价都是妄断。"

听我讲完 BP，他开始说话："你要知道，自律相关的项目都长不大。只有满足懒和馋需求的项目，饮食男女的项目，才能广泛。这是人性决定的，人性几千年来都是这样。不要做逆人性的事情。你有这么好的人群基础，其实可以做更广泛的事情。"

我解释："人性是复杂的，又想躺平，又想振奋，又羡慕不劳而获的人，看奥运会又热泪盈眶。人性分层，每层都有需求，对应每层需求都会有解决问题的公司。我的公司就是解决这层需求的。"

"你说的需求，是你这类人的需求。你要知道，你这类人在人群中的比例占多少？我看过你写的那些东西，我敢说男的看了你的东西，都不会转发给他们的女朋友或者老婆，你知道为什么吗？"

对话到这里，气氛已经不佳，按逻辑我应该反问"为什么"，但是我没有。

"他们的女朋友或者老婆看了我的东西以后，早都互相转发完了。因为满足同类需求的内容只会在有同类需求的人群中自发传播。"

他沉默了一下，并没有表态，继续说："标榜观念是可以取得心理优越感，但是转来转去在一个圈子里取得共识，这不是有效的商业方式。在早期可以这么开始，但是想要到下一个阶段，应该争取最广大的市场。转换一下产品思路，在你的百万粉丝起点上，有很多事可以做。你知道最近有个课程很受欢迎，叫'撒娇女人最好命'吗？"

我脑袋"嗡"的一声。

他的情绪明显比刚才高涨了些，继续说道："什么内容是可以迅速起量的，就应该瞄准什么迅速做，把分享动作做到位，百万粉丝迅速就能裂变到五百万，一千万，五千万。这后面能做的事太多了，所有围绕女性需求的选品电商你就都可以做了！知识付费在我看只是敲门砖，前面先用内容吸引和筛选人群，你的调性好，差异化优势就明显，就可以吸引更优质的人群。其实不用等一千万人，这一百万人，你现在就可以用这种方式收割！"

我没听错。他说的是收割。

我刚要说话，一旁的准合伙人突然站了起来，表现出和这个投资人一样的高涨情绪，反复称赞这个思路如何睿智，令人茅塞顿开。准合伙人还说，他当晚就可以连夜修改 BP，设计关键里程碑，推演数据。"就这么干！"他临走的时候摩拳擦掌地表示。

从投资人提到"撒娇女人最好命"开始，我意识到，他今天就是准备好劝我走上他指点的道路的。他甚至没有去研究那个泯然众人、面目模糊的 app。

我在回程的车上反复翻动这个看上去和我毫无血缘关系的 app，理解了准合伙人当初说的，如果是一个纯粹的好习惯养成产品，会更加难以融资，因为这个世界上想要养成好习惯的人，也许就是像我这样的少数人。可是我们这样的少数人，都没能按意愿给自己做出一个app来。

是万千人之中没有懂我的人，还是懂我的人依然不会在企业成败上赌我，还是懂我也愿意赌我的人就存在于万千人之中，而我只是还没有找到？

准合伙人真的连夜做出了新的BP，上面罗列的内容敲门砖足有一百个，个个都好似"撒娇女人最好命"一样触目惊心到让我想原地消失的标题；后面的增长推演有理有据，再后面的电商品类一脉相承，连"让他欲罢不能的10款内衣"看样子都会悉数上架，出现在趁早app之上。准合伙人迅速和投资人约好了，接下来就按这个全新的项目计划重新沟通。准合伙人此时充满干劲，决意以最快速度上线，因为前途一片光明。

趁早app再也不会是我的孩子了，它马上就要变成别人的猪，而我却正在花钱把这猪养在家里。

别人养猪卖猪是为了什么？是为了未来做喜欢的事吗？是为了养孩子吗？

而在这之前，我已经在做喜欢的事了啊，我已经在养孩子了啊。

怎么就搞成了我都不喜欢的一切了呢？

真正的痛苦来临之时，并不会有细致的、各种角度的慢镜头，也并没有悲伤的音乐响起，大多数时候也并没有下雨，或者树叶落下。看起来，就是那边有一个人，走在回家路上，突然揉了一下眼睛罢了。

死亡概率

"命运是事后回顾的东西，不是事先知道的东西。"

2018 年 1 月 24 日清晨，按照第二届马甲线大赛的日程安排，我和前三名选手一起出发去跳伞，表面开开心心，实则非常低落。

马甲线大赛是趁早团队举行的年度用户评选活动，是我们为理想生活造的梦，灵感来自 2014 年纽约的耐克全球女运动者聚会。马甲线大赛最大的好处，和耐克的女性运动者聚会一样，是从人群中找到同类，互相辉映，让生命力浓度达到饱和，感染线上线下的观看者。人们会先看到美好活法的示范，然后产生对美好活法的向往，先喜欢上好看的身体，很快就会更喜欢身体里的活力。

在策划会议上，我曾经声情并茂地描述："要让选手在未来的回忆中，永远记得这个夏天有过的热情和自由。"为了促成比赛，团队勤勉地筹备，终于第一届比赛在澳大利亚办成了，又如期在夏威夷举行了这第二届，而这一届，我的状态大不如前。

第一届马甲线大赛时，我就和选手们一起跳过伞。两届获奖女生有着相似的美丽，这种相似不是容貌，是那种因为常年运动而获得的质感。旅程中我坐在中巴车后排，看见她们的发丝随微风飘动，金色光线穿过车窗，落在年轻的肩膀和手臂上。当终于看到大海，女生们大叫着跳下车，很快就跑远了，迅速成为海岸线上几只蹦蹦的小鹿。

等她们跑回来，身上湿漉漉地沾着海水，挨个儿和我用力拥抱，说太开心了，爱我也爱趁早！我在她们的怀抱里感到了羞愧，默默地想，一个月后，当新版本 app 上线，当她们打开看到那些奇怪的标题，可能就不爱我了。

就在几个月前，融资刚启动的时候，我还在盼着从茫茫人海中找到这些女生，和她们一起带着泳装出发。其实这样的夏日海岛生活——风中的海鸟，夕阳下的酒杯，年轻闪亮无忧无虑的自己，都是我二十岁时梦想过的自由生活。年轻的美丽和自由，当然是让自己趁早明白，趁早决定，趁早成为。自由是美丽的自由，美丽是自由的美丽，怎么可能是"撒娇女人最好命"呢？

女生们当然不会知道我的忧愁。在清早去往跳伞基地的车上，她们大声谈笑，想象出舱瞬间的感受，始终处于亢奋中。

我理解这种亢奋，因为跳伞是很多人"遗愿清单"上经典的一项，曾经也是我的。跳伞是个高风险偏好者会尝试的极限运动，其实作为偶然体验项目，它甚至谈不上是运动。因为飞机升空之后，教练会把你和他绑在一起，然后兜住你纵身一跃。全过程里，除了注意手脚摆放姿势，你做不了更多，只能和任何垂直掉落的物体一样，进行完全自由落体运动。对跳伞的恐惧在于，从跳下飞机的那一刻起，你的命运就不掌握在自己手里了。

之前我猜想，人经历过自由落体的极限刺激，几十秒的恐惧体验，落地之后肯定能有什么超然的感悟。但第一届马甲线大赛后我跳了两次，我还是我。

这会是我第三次跳伞。前往跳伞基地的路上我在想，我可能天生就是个高风险偏好者吧。也正因为我是一个高风险偏好者，我才选择了创业吧。我当初选了创业就像我现在选了跳伞，那么无论是兴奋或者低落，都是我自己做的选择。

其实从趁早 app 的方案被彻底修改以后，我每天都会像这样反反复复和自己说话，已经有一个月了。太难了，人永远都无法知道自己该要什么，因为人只能活一次，既不能跟前世相比，也不能在来生加以修正。村上春树说过："命运是事后回顾的东西，不是事先知道的东西。"这句话在这个月间我也懂了，但光懂了这句话也没用。很多充满智慧的话都是听着简单，事实上绝大多数人在绝大多数时候都做不到，当你深陷其中，很难以事不关己的心态看自己，也很难站在更远更高的角度审视当下面临的问题。

在跳伞准备室，所有体验者都被要求看一段录像，再郑重地填一份长达十页的自愿跳伞声明。录像和声明的内容是一样的，有一段话被反复提及——"你需要知道，你将要进行的是非常危险的极限运动，这项运动存在死亡的概率。你决定参与，就意味着你已经接受了任何可能性。如果你在了解了所有风险后决定继续参加，请签署这份免责声明。"

我抬头看那几个女孩，她们轻松地看了录像，又飞快地签好了声明。我心想，我在年轻时也是这样，那么自信，认为自己有的是运气，那些噩运都和我没关系。但今天的我变了，我已经知道这里面说的"死亡概率"是真的，这么写是因为它会发生，不是用来吓唬你的。我在创业之初也想过"接受任何可能性"，但实际上我并没想好。如果在未来五个月也就是到 2018 年 6 月前，还没有融资额到账，而下一年的趁早效率手册又要面临投产，以现在这个 app 团队的烧钱速度，趁早的账面现金就会下降为零，这家公司就要结束，连同已经诞生八年的趁早文创都将不复存在；而如果那个投资人真的如期签署增资协议并完成投资，趁早就会正式变成一只猪。在坐上跳伞小飞机升空的过程中，我的脑子里依然在模拟这两个未来，想不清楚哪一个会更让我痛苦。

飞机飞得更高了，我看到飞机小小的影子投射在地面，不过是广阔平原上的一个小点儿，微不足道。

"要是这回降落伞真打不开了呢？所有的痛苦就都没有了。"这个念头突然出现在我脑子里，只一闪，就吓到了我自己，我赶紧深呼吸，惊恐地将它从脑海中挥去。这时候我的跳伞教练突然猛烈一蹬，把我带出了机舱。

几十秒的自由落体后，降落伞按计划打开，又在空中翱翔了一阵，我安全落地了。

落地后整理完装备，我拿出手机，发现屏幕显示有好几条新的未读微信。这里是夏威夷，北京时间的凌晨 4 点，大家都还在睡梦中，谁会在凌晨 4 点给我发这么多条微信呢？

我打开微信，对话框里是几行字："M 刚刚自杀了。在家里，烧炭。我们正在赶过去。"

那是北京时间 2018 年 1 月 24 日凌晨 4 点，我记得清清楚楚。我拿着手机，在震惊中一动不动。过了许久，有人来叫我，我意识到自己正站在一片碧绿的大草地上，意识到这里是夏威夷的上午。我看到周围陆续落地的女生们咯咯笑着，不停地拍照和庆祝。但这一切都像是在眼前大屏幕中上演的美好画面，不是真实的，而远方北京冬天的深夜里，那个绝望中的我的朋友 M，他和他经历的一切，才是真实的。

　　M 也是一个创业者，创业了很久。早在我还未开始创业的时候，我就参与过和他一众朋友的新项目讨论。他还爱在唱歌的时候叫上大家，而当大家到了现场，他并不说其他的话，总是一首接一首地唱。在每首歌之间，他大杯大杯地喝酒，一饮而尽。我们都知道，他的问题不是酒精，酒精顶多只是一种变相的反应。你永远不知道他有过多少个这样的夜晚，撕扯、裂开，想看看明天还有什么可能。可是最后，1 月 24 日，也许就在我跳伞升空的时候，他放弃了明天，认定人生就是这个样子了。

　　M 创业的后几年，市场的杠杆已经变得很魔幻，做刀尖上舔蜜的事情，需要很大的勇气和欲望。世上难有两全的事，不同情况有不同利弊，看人要什么了。在保守和冒险之间，总要和世界公平交易。玩肥皂泡的游戏，就需要面对肥皂泡——破碎的时刻，面对自己和他人犯过的错。可那之前没有人能告诉你，命运会拐向何处，是否早有规则。

　　当我也创业以后，就明白了他大杯大杯喝酒的原因。但酒是没用的，酒让你短暂遗忘时，世界依然滚滚向前。睁开眼，还会是那些挡也挡不住的潮水，潮水是时间，是金钱，是稍纵即逝的机会。但今后，这些潮水和 M 再也没有关系了。所有的虚空破碎，都曾经熊熊燃烧。

　　我知道，他这些年都没有实现他盼望的成功。在我看来，他有用不完的天赋，但在一个竞争社会，显赫的成功只属于极少数人。每个英雄出发时都怀揣着理想，但每个英雄也都要踩着悲壮的节拍，背着宝刀，去赴自己的命运。只要游戏还没结束，命运就有很多种可能。但他做了选择，他认为这场游戏不好玩，所以他不玩了，把号注销了。

　　那天下午，M 和我共同的朋友发微信给我："最重要的是活着。活着才能说话，才能讲出自己的故事。无论如何先活着。"

我回微信说："好。只要故事还没完，我们就说好，等等看。"

一个鲜活的朋友没有了，他照亮过我们的暗夜。所有的聚会都会过去的，当初创业少年鲜衣怒马，相见饮酒唱歌，只觉明天还长，还应有无尽的告别与相聚。灿烂的人们相聚在炎炎晚风中，别离在千千晚星里。

实际上没有的，天马上就要黑下来，明天又是我痛苦的一天了。

午夜修罗场

"最重要的是活着。活着才能说话，才能讲出自己的故事。无论如何先活着。"

天色已经全黑了，我需要的正是黑暗。

太平洋正中陌生的岛屿上，夜色漆黑，海浪低沉，这里远离北京的灯火，我孤单一人，感受着具体而焦灼的痛苦。

此时的痛苦是无人诉说的，可以放声大哭，因为大海会淹没所有，包括你认为的珍贵和希望。庞大的世界对这答案漠不关心，一切都是沧海一鳞。M 的离去依然震惊着我，也让我清晰地觉察到，这一夜就是我的修罗场。

人总会走进自己的修罗场，对我来说，就在此处，就是此时。我经历了碰撞、破碎，需要重建。我渴望在没有光亮的时刻看清更多东西，渴望命运在我头上悬挂一把利剑，我一觉醒它便落下，从此斩断那个错误的选择。

而修罗场里没有别人，正在角力的是我的恐惧、我的贪婪和我的信念，她们三人痛苦地对峙着，无处遁形。我紧闭着双眼，想象一个透明的意识飘浮在她们三人上空向下注视，依次发出逼问。

你的恐惧是什么呢？

"不融资公司会死，我会心碎，我会崩溃。我不能接受就到这里，就这么烟消云散。

"融资死磕养猪也可能会死。我还会冷漠地看着猪，想到还要为猪持续花钱我就痛苦。我不想再经受一点儿类似的考验了，我时时刻刻觉得受够了，我现在就知道了。

"我最恐惧的是，不知道还要继续煎熬着接受多久的惩罚。"

你的贪婪是什么呢？

"我要做喜欢的事。

"我要创业成功。

"我要做喜欢的事并且创业成功。

"我要做喜欢的事并且创业成功从而证明我坚持的信念是正确的。"

你的信念是什么呢？

"我相信人生在于秩序，生命在于运动，行动在于持续，成长在于循环增强。

"我会坚持实现，我会知行合一。"

我模拟飘浮的透明意识，向我那复杂的人性，提出了最后一个帮助她做选择的问题：那为了你的信念，你可以放弃什么呢？

此时我睁开了眼睛，感到答案清晰明确：我的信念，乃追求地球人类之生命真谛，想要追求，只需要放弃相反面即可，它们是：无秩序的人生，不运动的生命，不持续的行动，没有循环增强的成长，以及，不知行合一。

我养猪，就是最大、最荒诞的不知行合一！

事实上，在修罗场自我拷问，并不会寻找到什么新的道路。因为人无法四处寻找道路，你会走上的路只应该来自你的信念。我们经历各种试炼，探索的依然是对这个世界的信念到底是什么：是什么在反复向你伸出手，让你内心生出汹涌的冲动，迈出不得不走向它的步伐。最后你会知道，那些在自我的修罗场中争斗过，不死的才叫作信念。

我之前痛苦，是因为欲望和恐惧模糊了选项。

摆在我面前的两条道路，根本不是融资成功和融资失败，不是要去选公司死亡还是养猪。

什么道路能让我实现"人生在于秩序，生命在于运动，行动在于持续，成长在于循环增强"，什么就是我该走的道路。

那么就算融资成功，如果必须养猪，我也是不可能养的。

无论融资成功还是失败，我都要按我的意愿养趁早这个孩子，因为这个孩子的使命就是把"人生在于秩序，生命在于运动，行动在于持续，成长在于循环增强"实现到我和更多人身上。

如果融资成功，那咱就富养；如果融资失败，那咱就穷养。

如果因为我执意养孩子，就造成没有融资的话，那就没有融资。我和我的孩子就要想办法活下去，相依为命过苦日子。

想到这里，我再次打开 M 和我的共同朋友发来的话，反复读了又读，记在心间：

"最重要的是活着。活着才能说话，才能讲出自己的故事。无论如何先活着。"

就这么定了。

这是一个彻夜不眠的重要夜晚，和之前很多类似的夜晚一样，每次我找到答案，都是作为强者的自我认同。对我来说，"想清楚"比"做下去"重要得多。志向、准则、心智，都需要自己教给自己。因何生爱，因何努力，从哪里来，到何处去。答案简单直接，是因为背后有清晰果决的目标。当你明确地知道你是谁，你拥有什么，你要去往哪里，就再也不介意别人说什么了。 像趁早这样的公司和她要做的事情，准合伙人和投资人们，见没见过又怎样呢？

人如果只能信看得见的东西，而不能信看不见的，那彼此还会有什么不同呢？

2018 年 1 月 25 日，夏威夷的清晨，海风吹进窗子，我醒来了。

好的，保持清醒，保持知觉，保持体力，保持信念。我要出发了。

那个混沌的王潇已经留在昨天了。

Chapter
Three

第三章　自救计划

我们跳过的每一课，到头来都要闷头弥补。

想清楚之后，就要做下去了。

这一部分，说好听一些，可以叫作我的自救计划；说不好听点，叫作收拾烂摊子。

好在我已经接受烂摊子了，现在重要的是一步一步亲手收拾。自救计划中的这一切，就好像必须修够的课时，跳过的每一课，到头来都要闷头弥补。

弥补的前提是，得先让公司继续活着。

留得青山在

三个月，八百万。

2018 年春节后一开工，我就告知了准合伙人，我作为创始人坚决反对养猪计划。当然这个过程有点生硬，感觉刚过了个年，我就莫名翻脸了。

当人真想清楚了的时候，解释都显多余。清晰决绝的态度，有时和翻脸确实很难分辨。

我也听到了意料中的评价：

"果然还是女创始人，喜怒无常。"

"北京人创业就是小富即安，没有狼性，因为不饿。"

"死守着那点儿东西怕失去，是因为没有别的东西了。"

第三句说得真对，我可是太怕失去这家小公司了。

为了让她活着，我自救的第一步是：立刻止损，停掉养猪 app 的开发，裁掉冗余团队。

趁早的团队，在这个时候已经异化为两个团队了。一个是趁早的老团队，围绕早年的活动策划业务和趁早文创产品成长起来。在前

app 时期，老团队采用的是"趁早灵魂委员会"议事制度，就是文化公司爱用的群策和创意优先机制，有事一起商量，做东西追求惊喜、手感和共识。

后来准合伙人组建起了互联网和产品团队，这个团队一上来使用的就是另一套我们并不熟悉的语言体系。随着产品成形，这个团队也开始执行另一套不同的标准。当我想要融合这个不同时，发现它极难通过量化手段达成沟通。大概就是原本 8 分的审美和文字，经由这个团队翻译就成了 7 分，执行过程一姑且就成了 6 分，6 分稍微放任就是 5 分，长此以往，就是起起伏伏不及格。

不及格是当初相亲问题的必然放大结果，等于准合伙人相亲后来了家里，带来了一帮亲戚，亲戚个个都是养猪专家，组成了养猪团队，养猪嘛，当然 5 分就足够了。而我们原来的养孩子团队都精益求精用 8 分标准养着孩子，心血被辜负，老团队成员自然个个为此感到痛心。

比如说在什么叫作"好看"这件事上，老团队成员由于都是文创设计和活动策划出身，对趁早要求的"好看"有一些定见，包括字体、大小、标准色等，形成过视觉系统。遇到意见不一致的时候，老团队会一边揣摩一边讨论修改。但来到互联网产品这里，老团队被新团队告知，原来的那套"好看"过于阳春白雪，不是线上视觉语言，在互联网世界不好使。

后来，我看到一个笑话，发现这个笑话精确地形容出了彼时我司的现象：一个女孩发现，她家人出门前，爸妈征询着装意见的方式有很大的差异。她妈穿上身会问女儿"好看吗"，如果女儿说不好看，妈妈就会去换一套女儿觉得更好看的；而如果是她爸穿上衣服问"好看吗"，就算得到了不好看的答复，她爸会说："你懂个屁！"之后依然穿着那身衣服出了门。

管中窥豹，这大概就是当时我司工作开展的情况了。

时过境迁，我也会扪心自问，我这个创始人当时干吗去了呢？除了什么叫好看，我们还有更多早已形成的执行标准。当这些标准没能在团队中贯彻，我有无数犹豫甚至憋屈的时刻。为着一直记得的投资人的叮嘱，我把感受压抑了下来。更内里的原因是，我缺乏道路自信，我还怕我仅有的文化自信，也是在一个微弱小众群体的文化自信，无法被更广阔的市场检验。事实上，我的确在融资过程中，被一遍遍的质疑打击到了。虽然表面上不承认，可是在准合伙人面前，我竟然变得迟疑和脆弱了。

所有创始人都要经历选错人的痛苦。从古到今，打胜仗的团队必须同心同德，无一例外。就算到不了养孩子的程度，也至少应该是下场踢球，队员各怀绝技，但要指向同一个胜利，有一个人朝不同方向跑，都是在瓦解胜利。如果竟然有一半人在朝不同方向跑，说明打的根本不是同一场比赛。想要赢得比赛，就要招募和培养 8 分队员，清退根本不合格的队员，本来就该是这个筛选标准啊！

在自救过程中，我陷入过很多次类似的懊悔，越收拾烂摊子，越发现有很多的"我本可以"和"恨不当初"。不过我渐渐知道了，其实并没有"我本可以"这回事，当初既然没能这么想这么做，就是因为在当时的环境和智识条件下的那个我"不可以"。好在，我总算醒来了，同时我发现，形势已经紧迫到根本没有时间去难过了。

我必须立刻、马上执行自救的第二步——想办法补足公司的现金缺口，这件事非常重要，非常紧急。

到了 3 月裁员结束，养猪团队离职，公司账面现金又少了一大块，我和财务两人趴在财务室，一遍一遍地在 Excel 表上推演 2018 年的公司现金流，我逐月计算账面余额，后背冒出层层冷汗。

早在 app 项目启动前，趁早有一个古典业务——设计、生产和销售趁早效率手册和其他人生管理类手册，这个业务在当时已经存续七年之久，每年都保持了稳健增长。说这是个古典业务，是对比那几年风起云涌的移动互联网以及知识付费业务，它显得非常没有想象力，或者按照投资人的话说"很不性感"。没错，趁早文创所在的行业属于印刷品零售，是一个低客单价、低复购率、资金使用效率不高和有脉冲型旺季的行业。就算我心中认定趁早文创销售的实际上是精神产品，资产负债表依然是客观的。

趁早文创每一年的脉冲型收入，都是从当年 9 月启动销售下一年的效率手册时开始发生的。在我和财务的现金流推演表上，按照去年同比收入计算，公司的账面现金也将从 2018 年 9 月回流，旺季会持续到下一年春节后。

也就是说，即使 app 业务挥霍了很多钱且停滞不前，只要回流陆续开始，公司依然可以指望趁早文创来造血，只要扛到入秋，就可以逐渐脱离生存危险。问题是，想要在 9 月实现往年同样量级的手册上架销售以保证同样收入，手册大货在 5 月内就必须已经完成投产，而 5 月投产所需现金，算来算去，都缺八百万元。

这就是先前我最大的恐惧之一：害怕 app 业务融资的停滞，会造成赔了夫人又折兵，app 绑着趁早文创业务一起死。但现在无论如何，我都要让趁早文创继续和往年一样好好活着，待在国内原创人生管理文创类目的顶流位置。这个业务曾经一度是趁早的现金牛业务，它获得了我们这个创业公司的第一波市场验证，这也是最初产品自信的来源。想要留得青山在，保住文创业务，我就必须在 5 月底之前找到八百万，实现手册的顺利投产。

"最重要的是活着。活着才能说话，才能讲出自己的故事。无论如何先活着。"

从现在开始，我的目标简单清晰：三个月，八百万。

认准这个数目后，我行动起来了。

赌上明天

我对自己说，至此，我创业可就真是 all in 了。

在我所听闻的创业故事里，最悲情的一幕，大抵都是创始人走到了卖房救公司这一步。创业最大的风险，不是没等来好日子，而是连眼下的日子也给创没了。所谓倾家荡产，倾家就是把房子抵押出去创业，荡产就是积蓄掏光了荡然无存，而最惨不过的是这两项都做完了，公司还是没活。

然而这两项，就是我自救计划的第三步和第四步了。

第三步，我抵押了那间我一直称为"书房"的小公寓。

第四步，我借了两百万现金给公司，这是《按自己的意愿过一生》这本书的版税。

这间抵押出去的小公寓，我曾在《按自己的意愿过一生》里提到过，是我后来在家庭居住公寓同层购置的一室一厅小公寓，用来当作我的书房、健身房和衣帽间。投入使用后我感到异常满意，自认为这简直就是英国作家弗吉尼亚·伍尔夫的中国版写照："一个女人，如果要写小说，必定得有点钱，还要有一间属于自己的房间。"

我在这间公寓里长久地独处，2015 年里写出了《按自己的意愿过一生》这本书。它是我修炼的山洞、练功的蒲团，现在可好，我在这里一个字一个字写出来的版税，连同公寓本身，都得拿出来自救。同时又庆幸，多亏当初买下它，不愧是"自己的房间"，它不但能让我实现独处和写作，关键时刻还能救我。

我也知道"抵押"和"借钱"都是好听的说法，等年景好了，说不定还能盼来"赎回"和"还钱"。但是在我看过的影视作品里，主人公但凡揣着最后的细软去了当铺，故事就肯定已经到了穷困潦倒的前夕，在传统乐器二胡的配乐声中，只剩主人公在萧瑟中远去的背影，这点细软就要有去无回了。

再往后的事，我都命令自己的脑子先不要想，先凑够钱把效率手册做出来再说。并且我反复告诉自己，这笔钱并不是拿来补缺口的，而是用来投产 2019 年的效率手册的，因为手册这时候就是火种。等手册生产出来，又是几十万人用上，趁早精神和方法论就得以继续传播。传播的就是星星之火，就还能燎原。

都说创业要走正确而艰难的道路，但是反过来，绝对不是艰难就意味着道路正确。包括曾有句鸡汤文说，感到艰难，就说明走的是上坡路。这属于逻辑谬误的一种，作为偶尔自我安慰也许能缓解情绪，但创始人切不可悲壮地感动完自己，也把公司进程拿去做如此判断。抵押房子确实艰难，但是我需要清醒地知道，这是为了确保经营采取的临时艰难手段，这么做，是因为至少趁早文创是已知的正确道路。只有活着，敢于把公司先做小，才有时间去寻找更正确的道路。

说到时间，人们也常说要做时间的朋友，表面理解，意思都没问题。但咱们得做时间的聪明朋友，不能做时间的傻朋友，明白在有限时间之中，什么是缓兵之计，什么是一时之需，什么是从长计议。只要这回能活下来，我告诉自己一定要当时间的聪明朋友，仔细想，想透彻。

走到了这一步，或者说在整个筹措八百万投产资金的阶段里，我迅速从懊悔、恐惧进入了奇特的平静，甚至有点麻木。当然最早来临的一定是恐惧，这期间我充分懂得了什么是创业风险，它如此具体，全部都幻化为数字，体现在每一笔微小的支出上。当现金从一个池塘萎缩为一个水洼，任何程度的蒸发都会变得清晰可见。眼见水位一格一格地下降，我每天都得蹲在水洼边冥思苦想，然后再跑开四处寻找水源。生机勃勃的水面眼见就要干涸，这是所有创始人最深的恐惧。多可怕啊，那么多不会再来的岁月，披星戴月，跌宕起伏，欢笑眼泪，伴随着水洼的消失，会不会化为乌有，就像做了一场梦一样？

而恐惧背后是对自己的失望。我在 1978 年出生，2008 年创业，到 2018 年，意味着我就要创业十年，人也要整整四十岁了。创业十年，我把公司做到这个地步，从白茫茫什么都没有中来，眼看要到白茫茫什么都没有中去，果然一切都是体验和过程。四十岁，我以为一直在寻找我认为对的事情，在做本该我做的事情。而这次最大的挫折，却正是源于我的不坚定，放弃了本该做的事，把命运交到别人手上。命运果然给我以毫不留情的回报和嘲笑。

我的公司叫"趁早"，而我快四十岁了，还在思考如何重新夺回命运的主动权。

我公司的口号叫"时间看得见"，公司十年来，也帮助了很多很多人，但时间究竟有没有看见我的公司呢？

在这个阶段，最忌讳遥想当年。但凡念及我曾经是时尚杂志主编，曾经是庄严的新闻播音员，都会隐约泛起"早知如此"的意念。每当这时，我会去重翻写过的书。我记下文字其实都是为了劝自己，告诉自己对于这件事，我已经想过并且选好了，留下白纸黑字的决议。因为人不能对过去假设，每一个选择都是不完美的，漏洞百出，人性尽显。往事不可追，也不要追，能追的只有未来，否则，永世不得解脱。

在人生谷底的时候，我会在纸上画一根波浪线给自己看。首先告诉自己：看，人生就是这样的，它没有一成不变，它会起伏和变化。让它变化的是环境、机遇和自己的选择。我前面选择错了，机遇也不眷顾我，所以我现在来到了谷底。这样和自己说完，我会在谷底点出一个小黑点，一个渺小的人，那就是我。然后我会想象自己站在小黑点的位置，顺着这条波浪线向前看，目光随波浪线上升，那里是未来希望所在。这个小黑点多么期待能立刻离开谷底，走上前面上升的波浪啊；这个小黑点多渴望能有一双上帝视角的眼睛，像我现在这样注视着全局，并且清楚地知道，距离上升到底还有多远。但是现在小黑点唯一能做的，就是往前走，一直走，也许就能早一点儿遇到上升的地方。

创业第十年，这是最大的挫折没有错，但是如果自怨自艾那才是错。十年前没人逼我创业，一年前也没人逼我答应和这个准合伙人一起做 app。自己亲手挖的坑，如今只有亲手救自己，如果人生是电视连续剧，辛辛苦苦十周年，一个 app 回到解放前，卖房救公司，就是这一集了。

抵押协议书是在 4 月签署的，那天春意盎然，我一路上欣赏新发的翠绿树叶，想好了，等一会儿见到债权方，我要表现得若无其事，就好像只是路过进了一下当铺，从气势上要先挡掉穷困潦倒的叙事，没有多大事儿，创始人只是稍微战略收缩。

下车补妆的时候，我收到信息，以为是银行办事人员问我到哪儿了，打开却是朋友发来的一段文字，说特别激励她，仔细一看，是我给《时尚 COSMO》2015 年 4 月刊写的卷首语：

"不知在多少个四月，我重整旗鼓，我沐浴更衣，我下决心，我谈恋爱，我翻脸分手，我赌上明天，我出走，我创业。仅仅是那即将开始新鲜刺激生活的想象，就能让我激动战栗。"

2015 年 4 月，那正是首轮融资的前夕，也是《按自己的意愿过一生》的动笔之际。这就是穿越时空的寄语吧，我翻脸分手，我重整旗鼓，我赌上明天，三年前我真是壮志凌云，竟然渴望过上新鲜刺激乃至战栗的生活。三年后的现在，确实已经实现了，融资花光，写书的公寓也马上就抵押了，求仁得仁，这生活真如我所愿的新鲜刺激啊！

我端着手机，被自己写过的倒霉句子给气笑了，正笑着银行的人走了进来，看见我说："看来您这抵押以后要做的新项目很不错啊！"我频频点头，虽然并没有什么新项目可言，但是看样子当天的气质已经拿捏住了。一时间我突然有了种奇特的预感，感到接下来，这个 4 月之后，一切真的会是新的开始了！

签好抵押协议书，房产加上借款，八百万缺口就算落实了六百万。我对自己说，至此，我创业可就真是 all in 了。

说也奇怪，从那天起，我整个人反而越来越淡定和勇敢起来。已在谷底，便觉得没什么可失去的了，光脚的不怕穿鞋的，剩下的全都是赤子之心。

灵魂委员会

人最应该对自己实事求是，其次是对自己人实事求是。

十年之前，我也是光着脚怀揣赤子之心创业的。现在兜了一大圈之后，最大的自我怀疑，是我已经不知道这颗赤子之心到底是什么成色，还值不值钱、赚不赚钱了。

对于自己，挖的坑总要填，包括抵押房子、借钱，这些我都认，但我终归要到公司去面对我的团队。

如果说十年间最珍贵的运气，就是一路上能遇到这些人，我把他们称作"趁早灵魂委员会"。他们是一支来自天南海北的队伍，是我在人群中寻找到的率真、真诚和勤奋的同行者，他们是我的伙伴、战友、扳机点、发动机、磨刀石，曾和我一起经历过最经典的战役。

但是现在，他们是我决策和管理能力不行的受害者。

而我必须克服自责，来到自救计划的第五步，向团队说明这个阶段公司真实的危机。

很明显，整个危机都是我的愚蠢造成的，但我还要在大家的注视下，复盘愚蠢的来龙去脉。因为只有理解了业务到底受到什么伤害，生存到底遭遇多大问题，大家才能知道可以从哪里动手修复，或者重新开始，或者，不再参与修复和重新开始，放弃我和这家公司。

经营公司的心理建设重要一关，就是要接受团队中人的变迁。直至今天，我还是不能全然习惯这件事，习惯迎来就有送往，因为我永远渴望人和人之间有着持久的支持和信赖。那些勇敢的人，坚定的人，有所承担的人，沉默但像星星闪耀的人，我希望他们也能在人群中认出我，然后一直和我在一起，志同道合。可是，我犯下的愚蠢错误，恰恰证明了自己首先就不是那个真正勇敢和坚定的人。我这样的人，还能不能让大家相信继续走下去会有光明的未来呢？

有相当长一段时间，尤其是当创业环境泡沫丰富的时候，创始人都在纷纷学习给团队画饼的能力。不过，我的创业起点是中国人民大学的校园，决定创业那天，我特意在校门口大石头旁边许了愿，大石头上可是写着清清楚楚四个大字，后来成为我创业的指导方针——"实事求是"。

人最应该对自己实事求是，其次是对自己人实事求是。

同样，创始人向团队描述未来的原则，应该是实事求是地画饼。创始人能把前景构思到哪一步，能把饼预测到多大规模，就一五一十地给大家描述这张饼在脑海中的样子，不可吹嘘自己都根本不敢相信的东西。

一个人能到达的程度，基本上受限于两点，第一是见没见过，第二是敢不敢。很多的勇敢都来自见过，这个见过除了指见过具体的事物和做法，更是指一种理解的维度。现在回忆，我在那几年的认知确实有限，但还有比这个更受限的，就是久久打不到胜仗之后，自信会逐渐坍塌。人穷志短，当生存都成问题的时候，很小的饼都不敢再妄想，过去的幻梦都会烟消云散。

在这个时刻，我也终于理解了，经营公司的确不是养孩子，因为其中没有无条件的亲情关系。如果发现存在致命缺陷，当生则生，当死则死，合作关系就终结，业务就关闭。人与人之间会在开始给予普遍的初始信任，给业务灌注人的精华和生命，但当业务失去活力难以生长，更会在其终止时回报以彻底的失望。

因此，业务结束之际就是团队的关键时刻，因为创始人和团队都需要在最后关头搞清楚，当人们开始失望，到底是对什么失望？一家公司里，信什么，做什么，谁来做，怎么做，是四个层面，从决策到执行，层层推进。当事没做成，则需要倒着往前推，看问题是发生在哪一层。如果是"怎么做"错了，就换个方法做；如果是"谁来做"错了，就换人做；如果是"做什么"错了，需要重新决策；但如果是"信什么"就已经错了，那就全错了。

也是在这个时候，趁早灵魂委员会的几位核心成员，拉着我一起坐下来讨论 2019 年效率手册的策划方案。过程中，大家要求彼此再一次认真回答：我们当初为什么要做这个手册？使用者为什么年复一年需要这个手册？到底什么是使用者期待从手册中得到的？到底什么是我们做趁早文创的赤子之心？

于是，我把在夏威夷跳伞日彻夜不眠思考得出的结论告诉了大家：

"我相信人生在于秩序，生命在于运动，行动在于持续，成长在于循环增强。

"你们大家还相信吗？"

"相信呀！"

"我会坚持把以上实现，我会知行合一。

"你们大家还会吗？"

"会呀！"

一位同事再次翻出了卡尔维诺自传里的一段话，我们曾经在这段话里指认出了自己。于是在2018年春天的这个下午，大家又郑重地重读了一遍：

"我对任何唾手可得、快速、出自本能、即兴、含混的事物没有信心。我相信缓慢、平和、细水长流的力量，踏实，冷静。我不相信缺乏自律精神，不自我建设、不努力，可以得到个人或集体的解放。"

那天简短的对话之后，我们不但讨论构思出了2019年的趁早效率手册，还讨论构思出了后来趁早的时间管理体系"五种时间"的雏形。

对话之后的一个星期，趁早的电商负责人飞飞和我的经纪人塔塔，先后用个人名义借给了公司一共八十万元。

一个月后，公司的供货商，也是趁早的一位常年用户，了解到公司困难以后，以个人名义借给了公司一百多万元。

至此，八百万筹款完成，2019年效率手册顺利投产。

从那时到今天，我都相信趁早拥有着中国最勤勉务实的人生目标管理团队，因为他们就是那些勇敢的人，坚定的人，有所承担的人，沉默但像星星闪耀的人，他们曾在人群中认出我，然后一直和我在一起，做着相信和值得坚持的事，志同道合。

科学变红

科学变红、优雅挣钱、莫忘初心。

当一家公司面临生死存亡，最迫切的是自救造血吗？

其实不是。

最迫切的，是要有能力留住用户对你的信任，你的衣食父母才能救你。

趁早的产品从实体文创拓展到线上 app 以后，很多用户都同时购买了两类产品。用户是出于信任，期待我们的产品有利于个人成长，才把未来的有限时间交给了我们。我们如果不能照顾好这个期待，那就是忘本。因为趁早根本就是在无数用户的信任和期待中出现的公司，没有用户，就没有这家公司，我也根本不是今天的这个自己。

最早那个，在中国人民大学的"实事求是"石头前，决意弄一个设计小作坊的我，谈不上有什么赤子之心。那个我一心只为挣点小钱儿，并盼着小钱儿能多于上班薪水，认为这样就能获得上班所没有的自由。当然，这个算盘随着小作坊的开张迅速落空了。自由职业者和小微创业者的境遇都差不多，看似自由，其实早已被业务随时随地捆绑，像陀螺一样旋转，每个客户的单子都是新打下的一鞭子。陀螺本人很清楚，速度一旦变慢就会倒地，为了延长生命，只好寻求更多鞭子落下，得以越转越快。

后来，从三十岁那年开始，是我的用户救了我。他们最开始以我的读者的面貌出现，其实都是我的同类。他们对我的解救，不只是让我意识到，可以不做陀螺，可以在新的领域做擅长的事情。远远比这彻底的解救在于——他们让我有了追求——那种真正的、比安身立命更高远的对灵魂生活的追求。这种追求极大超出了我最初对生活的设定。

在那之前，我的生活是小动物和人的生活的结合体。小动物的我，它当下就要玩，它还要吃，它想要没有规则随心所欲；同时还有人的我，她在意社会生活，她理性，她克制，她想要发现和符合规律。三十岁之前，我是为了饲养和安抚小动物而活，也在学习像一个体面的大人那样活。把有限的时间分给小动物和人，让他们各自满足，相安无事，就是我能做到的时间管理。

后来，我的读者，我的同类，她们一个接一个地出现，指引了我。

在小动物和人之上，她们向我展示和打开了生活的第三层，我把这一层叫作小神仙。小神仙的知觉和过去都不同，接收到的既不是作为小动物的感性快乐，也不是作为人的逻辑快乐。小神仙维度的感知，是来自同类的共鸣体验，是一刹那心意相通，热血涌动，而这些都如同光芒源源不断，还能在人与人的胸膛间流淌传送。这感受很像阅读，但当置身于同类当中，那份接通百倍强烈于阅读。

在我见过成千上万的同类之后，我的小神仙频繁地出现，超越了小动物的无聊和人的琐碎。创业这十年间，世俗成败不论，我有限人生中体验到的信任与认同，无法计数。

当同类变成用户，信任和认同只要还在，我就没有理由抛弃她们。

那么，当趁早的用户们因为信任购买了 app 课程之后，我们能因为公司经营不善，就突然把 app 给关闭了吗？那对用户来说，我们不就等于跑路了吗？

于是，在 app 善后细节梳理中，大家又得出了一个新的结论，基于 app 对已有用户的年度服务承诺，这部分业务不可贸然关闭，至少要保留基础团队和服务器，让产品最小化运行，直至在未来完成交付。"未来"这两个字，对于创业公司而言似乎是希望，然而对于一个需要续命运行下去的 app 来说，就是源源不断的成本。这个成本经过重新计算，就立刻出现了崭新的资金缺口。"承诺"两个字，果然一字千金。

就这样，我又迅速来到了自救计划第六步：筹措 app 续命资金两百万。

所谓虱子多了不痒，债多了不愁，到这一步，我已经麻木了。好在到这里团队已经达成了共识，决定一起合计怎么搞到这些钱。在两百万目标头脑风暴会上，大家不约而同选定了最佳方案：全团队八仙过海，由经纪人塔塔出面，面向各品牌企业和广告媒介公司，推！销！我！

不得不说，团队头脑灵活，过去活动策划公司的基因犹在，意识到客单再大，大不过"to B"；想要短平快翻回头做"to B"客户，就要有立刻能引起响应的价值产品。大家环视了公司一圈，最后都把目光落到了我身上。看到希望之后，讨论变得热烈起来：

"虽然年龄比较大了，但是出镜推销中年保健品应该还是有说服力的吧！"

"母婴类广告也应该没问题，幸福家庭那种的。"

"成功女性也可以啊！企业规模差一点，但咱就是说，出版还是很成功啊！"

"对，就从作家身份切入讲述！而且作家可以在各种地方获得灵感，像汽车啊，房地产啊，果汁、牛奶都可以，端着杯子，从车窗各种眺望远方，老优雅了，就得找这种公司，它们预算多！"

领了任务之后，塔塔率先行动了起来，开始和我重新商量接广告标准。说重新商量也不严谨，虽然塔塔号称是我的经纪人，但接广告标准其实没有正式商量过，基本可以叫作"看心情"，当然主要是看我的心情。比如，遇到产品特别好看，拍摄方案特别潇洒帅气，出差目的地特别想去，预算特别丰沛，都会让我心情变好，顺利达成合作承接。

如果以上都没打动我反而接了这个合作，那很可能是由于目的地的精彩程度打动了塔塔。她会来劝我说那个地方好像很好玩，我们去玩吧。这样的情况发生过好几次，每次我们都会重复一遍相似的谈话：

"这位作家您好，对方没啥费用给您，但是，要拍十天欧洲自驾游哎！自驾穿越西班牙和葡萄牙，还会住在巴塞罗那哟！"

"没有费用还要拍十天吗？"

"是的，欧洲自驾游整整十天。穿越著名酒庄和老城，有鸽子广场、弗拉明戈、圣家族大教堂，全程有团队随行照顾，拍摄记录您四十岁的美丽容颜，一期一会，一生一次。"

"听上去不错。但是那个月按说有好多事吧？"

"这位作家，作为存在主义者，您生活的意义在于体验的什么来着？"

"在于体验的宽度、广度和密度。"

"您书里的名言'要么旅行，要么读书'的下一句是什么来着？"

"灵魂和肉体，至少有一个在路上。"

"答对了，提醒您，莫忘初心啊。"

"行！去！"

这是一开始对话的样貌，后来这类对话就变得越来越简洁，塔塔会说：

"这位作家，加拿大，森林骑行，湖中木屋，午夜观星，莫忘初心。"

"这位作家，莱茵河航行，从苏黎世到阿姆斯特丹，莫忘初心。"

"这位作家，夏威夷，莫忘初心。"

然后我回答："行。去。"

塔塔说得没错，每一次因为初心而出发的旅行，都迸发了最大的惊喜。惊喜来自不去预设这趟旅程给的回报：有没有费用是无所谓的，因为我本就和二十岁时一样，是出来看世界的。世界宏大慷慨，它会扑面而来给予我无穷体验，它才不在乎我是来旅行还是来拍广告的。那么我和它一样，只出发，不计较。要说旅行这件事本身有什么目标，在场的当下就是目标。

但新时期要解决新问题，塔塔正式通知我，我的新目标已经变成两百万了。

"这位艺人，我们来说一说，为了钱，什么样的合作不能接吧？"

"是说以后为了初心的就不接了吗？"

"您清醒一点，您现在已经不在好玩时间了，您在生存时间。"

用魔法打败魔法，塔塔是一流的。

我也确实被激励到了："好的，那我从现在起要主动生存了！"

塔塔继续鼓励我："您加油啊，从今天起，咱得一个人活得像一个戏班子。"

"咱不是俩人吗？"

"那要这么说，咱是几十人，都眼巴巴等您一个人买米下锅呢！"

其实我和塔塔都很清楚，接广告这件事，并不是钱和初心的二选一。一个有前景的广告合作，通常能同时囊括三个要素：钱、影响力和体验。因为形象的加强和投放的分布，一个双赢的广告合作还会是个马太效应，形成扩大的飞轮，因此每一个广告，都得是自救中实际有效的一步。但现在时间紧，任务重，目的是做任务，出手就要有，看心情肯定是不行了。

第一轮推出去，塔塔带回三个合作意向：第一个是国际信用卡广告，拍摄目的地纽约，预算充沛，但是似乎属于消费主义；第二个是知名健康果仁品牌宣传，直播加大量投放，预算微薄；第三个是旅游局发出的合作邀请，请我去塞班体验并拍摄旅行视频，干脆没有钱。

这样一来，关于合作标准的讨论就变得很具体了。

"信用卡，纽约，内容脚本是表现时装周穿梭购物，接不接？"

时装周我是熟悉的，但这是 2015 年我卸任时尚杂志主编的时候，明确告别过的东西。

我问塔塔："这个脚本得好好看看才行。一个人买什么，不能代表她是谁，就算是在纽约时装周买也不能。对不对？"

塔塔说："拥有信用卡，代表我能够申请并用信用卡支付，我可以选择去哪儿，选择为什么消费。咱们 2015 年还和银行出过联名信用卡，还拍过宣传片，你忘了？"

我没忘，在塔塔提到"拥有信用卡"的瞬间，我完全想起了那段经历。

其实，我和塔塔的脑子也是在接广告合作的过程中变清晰的。最早我们都简单地理解为，这就是出卖单位时间，所以要把单位时间换算成钱，看值不值这个付出。比 2015 年更早时，按照这个逻辑，我们纯粹为了钱答应过一个合作。当时深圳有家银行总部说邀请我去开个会，报了一个会议出场费，豪华到我们不敢相信是真的。但由于确实被出场费反复打动，在签署往来合同并再三确认后，我们还是出发了。飞机落地时我俩甚至开始编暗号，这样万一有任何可疑之处，比如，落入传销组织之手，我们还有办法及时脱逃。

这个合作的谜底，是我果真和这家银行的高层在深圳郑重开了一个有落地有执行的会议。会议上我们讨论了现代女性的金融生活和消费自主权。半年之后，这家银行和趁早联名发布了女性专属的信用卡。这是一场双方深度理解之上的合作，也是一家银行机构所做出的普及女性经济独立意识的努力。

我和塔塔回顾了这个案例，认为纯粹的钱不是问题，不要一上来就质疑合作方的出钱用意。钱意味着已达成基础认同，才可能带来进一步的扩大认同，那会是更多愉快的合作，以及，更多的钱。这部分合作标准就由此定好，我们起名叫作"优雅挣钱"，凡是能够达成优雅挣钱的，可以考虑合作。

根据这个标准，我们也顺利和国际银行卡公司重新沟通了脚本，选取纽约的重点不在于它的时装周，而在于它是梦想之都，那里毕竟是我在赫斯特集团成功面试了时尚主编的地方。

纽约之行确认好后，下一个来到健康果仁项目。塔塔是这样描述的：

"对方说预算很有限，但是会安排一场明星大直播，还有全国线下饱和式海报投放。也就是说，钱不多，影响力大。"

"明星大直播？我是明星了？"

"我谢谢您，明星大直播，是您和明星两人一起直播，介绍健康果仁的生活方式。"

"哦。那明星是谁啊?"

"我也想知道是谁,对方还没告诉我呢。我觉得,特别红,咱就播。大家都去看明星,也就顺带看见你了。另外饱和式海报我也觉得不错,就是不知道什么样的投放力度算是饱和式投放。"

"要是在我家小区能看见,我就算它饱和式。"

"行,那这种咱们就不按钱算,按流量和投放算。就当有人花钱替咱做影响力了。"

塔塔按照我们的商量结果回应了对方,对方也给了积极反馈,直播的策划案一发来,我们看见将要和我一起直播的明星名字,原来叫杨洋。什么钱不钱的,我半秒就同意了。

那天的直播真是盛况空前,来看直播的人到底有没有看到我,我其实不太清楚。反正我得以面对面仔细端详杨洋两个小时。我自认见过挺多美丽的脸,但杨洋有点不同。他让我对古籍中外貌的描写加深了认识:公子颜如玉,城北徐公,或者潘安之貌,应该大抵如此。

至于对方承诺的投放,也确实是饱和式的。那几个月,连我爸妈小区楼房的电梯里都张贴着我和健康果仁的海报。邻居们并不知道这个女的是谁,但是我妈果断地认定,我已经有了巨大的影响力。

根据健康果仁案例,这个类型的合作标准也定好了,总结为四个字——"科学变红",就是指在公司无力也不打算掏钱做推广投放的情况下,凭借合作项目逐渐变红的操作。

确立了合作八字方针,塔塔郑重其事地把这八个字调整成书法字体并打印了出来,用对联的方式贴在了她自己的电脑上,上联是"科学变红",下联是"优雅挣钱"。塔塔说,变红是原因,挣钱是结果,上下联的安排还是要头脑清晰，不能本末倒置。

两个新合作已有定论，还剩一个悬而未决，就是没有费用的塞班之旅，既不能变红，又无法挣钱。去还是不去，这是一个问题。

我问塔塔："今年的马甲线大赛，还没有国际旅行目的地。塞班是不是可以？"

塔塔又反问我："马甲线大赛是我们的官方活动，可以激励用户，征选用户。是不是本来我们就应该一直做下去？"

这个既不能变红又无法挣钱的合作，我们反而心照不宣，讨论得最为短暂。

确认去塞班之后的一天，我在办公室路过塔塔的座位，发现她的电脑对联发生了变化。上联还是"科学变红"，下联还是"优雅挣钱"，但不知道何时她又打印了一个横批贴在了显示器最上沿，上面写着四个字——"莫忘初心"。

自此，作为艺人和经纪人，我们第一次有了完整的合作十二字方针：科学变红、优雅挣钱、莫忘初心。

由于合作项目不定期开张带来的不确定性，两百万目标的自救第六步事实上持续了很久，眼看就要完成无望的时候，文创团队的同事带来了一个好消息：她们一直在和塔塔平行作业，独立开拓了公司自救的第七步——已经基本完成了几单针对企事业单位大宗趁早效率手册的销售对接，在拟合同额度超过了一百万元！

同时还有一个稍微有点坏的消息：为了顺利成交，她们已承诺客户，随单奉送了趁早创始人王潇的四小时"时间管理大课"。现在万事俱备，合同上这条只需要我一个小小的确认，app续命资金两百万就立刻完成了！

我在合同上签好字，答应团队，一定认真筹备时间管理大课。

同时明确地意识到，趁早的时间管理体系已经准备好了，蛤蟆的油，就要出现了。

Chapter
Four

第四章　滔滔不绝

把从前和以后劈开的时刻，看来确实是有的。
一旦念觉，则时来运转。

现在看来，生活里主要的事就是做决定，而日常，那些看似没做决定的时间里，也都是在为做决定收集信息，或者积累条件。在重大决定做出之前，一切都悬而未决，事情会朝任何可能的方向发展。比如，我前半生和后半生的分界点，可能就在跳伞日的那个午夜，因为那个午夜里我不仅做出了决定，还确立了后续一系列决定的新标准。

之前，我曾经猜测生育会是人生的重大转折点，后来发现，生育给人带来的是秩序上的突变。由于人后来不得不在新秩序里找新位置，于是人也就随之渐变，最终在某天演化为一个母亲。就连生育，生活中凭空多出一个人来这种事，都很难让人结构性地调整自己本来的标准。

但因为跳伞日的决定，我好像在一夜之间就变了，然后所有的新路，都是这个已经变了的人走出来的。至于新旧两条路哪条更难更曲折，做出选择以后，也就无从比较了。既然是新人，就会走新路。否则知而不行，只是未知。

"从前种种，譬如昨日死；以后种种，譬如今日生。"把从前和以后劈开的时刻，看来确实是有的。我忙活了很多事，来来回回，探索的其实是自己对这个世界的信念。

一旦念觉，则时来运转。

万般皆好

我就在生生不息的海洋中，任由宇宙之风自由吹拂。

随着趁早效率手册大货下厂，时间管理大课完成初稿，我和准合伙人也终于委托各自律师签署了合作解除协议。和平送走准合伙人，也是自救计划的关键里程碑。生活的张弛疏密真的挺难琢磨，有时候推进了很久的几件事都没有下文；有时候一觉醒来，你会意识到这几天很重要，好多事都会有个结局。

在漫长的创业时间线里，这是一段短暂且失败的交集，所有可能的交流都已透支殆尽，并以决绝的分手告终。和很多错误的恋爱一样，分手就是要决绝，然后才好各奔前程。

当然，收尾工作还会有一些拖泥带水，包括对外的解释说明。这类破事一开始有点烦，过阵子就忘了，毕竟我已经在翻篇了。解除合作合同签好字的下一秒，我就告诉经纪人塔塔，与北马里亚纳塞班旅游局的合作可以履行了，现在就能安排启程。我这个人呢，一直就喜欢这种转身别过，绝尘而去，最好还能飞走度假的形式主义戏码。也许内心很多怨天尤人，表面还是要呈现出坦然自若的姿态，传达一种对命运的掌控感。这种传达主要还是面向自己的，为了让自己感觉到，你看，虽然咱遭遇了这些那些，但作息起居甚至旅行都还如常，连我的基本秩序都破坏不了，也就不能真拿我怎么样。

经过沟通，塞班被定为奖励 2018 年马甲线大赛前三名选手的旅行目的地，我会和获奖选手在 2018 年年底共同完成旅行度假。按照合作要求，我还需要在上半年预先体验一次度假产品。我和塔塔商量决定，莫忘初心，立刻出发，不要犹豫，就乘坐最近一班飞机。

在塞班蓝洞自由潜水，早就写在我的遗愿清单上。当然还有更多自认为狂野的愿望，多数也是在 20 岁就写好了。排列在跳伞之后的，还有骑马飞奔过巨大草甸，蓝洞自由潜水或者伴游白鲸，直升机单板高山滑雪，乘坐天价门票的飞天火箭，等等。也认真想过，够不够资格入选搭上第一拨火星移民有去无回的那班飞船。但是几年前叶先生看到清单马上阻止了我："火星飞船不许坐！"说得好像我真能被选中一样。

我也为遗愿清单上狂野的想象筹划过，而金钱之外，很多愿望是涉及技能的。

2016 年，公司还稳健经营的时候，我去苏州海洋馆学过四天自由潜水，课程内容包括基础理论、水下闭气、法兰佐平衡法、下潜练习。同期有两个年轻健美的姑娘，我想我不怕水又喜欢海，至少可以做到和她们一起学会。等到课程第四天，终于练习攀绳下潜，但一过两米以下，我的左耳就开始剧痛。连续试了十几次，剧痛反复出现，当天年轻健美的姑娘都能下潜到水下十六米处，而我却无论如何潜不过三米。

回到北京，我去耳鼻喉科检查，医生用一根长长的内窥管探进我的左右鼻腔，才发现是因为一侧耳道格外狭窄。医生宣布："你肯定没法潜水的，因为你的耳压天生就没法平衡啊！"就是这样，有些事情靠努力也没用，注定是做不成的。

如今塞班蓝洞已经近在眼前，我在岸边站了一会儿，看到不断有比基尼姑娘携水下摄影师浮出水面。蓝天碧海间，他们摘掉面镜，抹掉脸上的头发和水珠大笑，牙齿洁白，互相比着 OK 的手势，一看就是刚刚抓拍到了满意的作品。

回想当初我学习自由潜水的动机，就是因为发现人家的照片很好看，于是自己也想要。同样是比基尼和马甲线，经过自由潜水一番拍出来，水准又不一样。能有这样的照片，说明拥有好身材之外还得去旅行，还得预先经过专业训练，勇敢且有水性。很明显，早期的遗愿清单看似是对美好世界的探寻，实则是对向往生活的缝合模仿。内心认定这些事似乎值得玩，因为很多厉害的人都去玩了；如果自己也玩过，届时人生必定丰富多彩。至于到底好不好玩，那肯定是试了才知道的，毕竟生命的要义只取决于体验者本人。

而我在这个关头跑来蓝洞又不一样，自救计划只完成了前一半，勉强维持住公司生计，接下来怎么发展还没有头绪。但要上演好坦然自若的形式主义戏码，就更要充分拍出好照片了。

还有，我发现自己的遗愿清单是早在创业之前就写好的，分明是多巴胺无处释放时期的产物。无论蹦极、跳伞还是过山车，其实创业里什么都有。这几个月就像刚坐了长长的一趟过山车，惊心动魄没错，但玩太大危及生存，就不好玩了。这么看遗愿清单上这些还是比创业容易些，而且点了还可以退，曾经创业是图体验丰富，但等发现端倪，已经不能回头了。

那么蓝洞当前，潜水拍照套餐塞班旅游局已经帮我点好了，上不上呢？我觉得还是要和专业人士说明情况。

我问蓝洞摄影师："我只能稍微潜一点，可能顶多两米。能拍吗？"

摄影师回答："那得争取三米，你看见那些泡在水里玩儿的人了吗？背景里会有他们的腿和脚丫子，这些就占一米五，得避开，不然修都没法修。"

我一听，拍上脚丫子可就完全破坏了意境，得想别的办法。

"或者有什么办法让我肯定能下到三米？有绳子可以拉吗？戴配重行吗？"

"海里哪有绳子？配重也不能戴，戴了照片不好看。有个办法，就是找潜水教练，拍之前用最快的速度把你摁下去。"

我感到这个办法可行："那咱就找教练摁！"

塔塔有点担心，问我："你耳朵行吗？摁下去还不疼死？"

我说："来都来了！"

拍照的过程总体来说很愚蠢，也累坏了潜水教练和摄影师两人。人家水下摄影师通常都是和拍摄对象同时帅气入水，下潜途中完成拍摄，一气呵成。而我这边就不同了，水下摄影师不得不先潜到目标深度保持悬浮憋气等待，然后再由潜水教练一个挺身向下，全力摁住我的后背和屁股，把我像鱼雷一样输送到三米以下，而这时我的左耳已经疼得一片轰鸣，却还要强忍疼痛凹出人鱼姿态，在湛蓝色海水中努力表演优雅并摆动双腿，缓缓升向水面。如此反复几次，三个人终于脸色铁青地完成了拍摄。我最后一次浮出水面时只觉昏天黑地，仿佛已眼球爆出，左耳失聪，绝无心思再关注摄影作品，只知道真的够了，一生一次，蓝洞打卡可算完成了。

当天晚上，蓝洞潜水照完美出片，看上去果然深邃静谧，姿态舒展，但我的左耳被空前的压强伤害后，一直疼得要命，很久都没缓解。

就这样，第一天成功在各社交媒体发出蓝洞潜水照片后，第二天只好在酒店静养耳朵，后续日程被破坏，好多景点都没体验成。

塔塔说："'来都来了'这四个字，一般是形容人既然在，顺手把事儿办了；不是说因为人在，办不了的也非得硬办，把自己弄残废的。"

我说："我这不是为了在遗愿清单上打钩吗。"

塔塔说："打钩是图什么呢？遗愿清单上为什么就非要有这条呢？为什么二十岁写了，四十岁就必须要打钩呢？"

问得好，我翻过身不理她了。

当初遗愿清单上为什么会有这条，就像创业为什么要融资增长做大做强一样，因为人们会觉得能做到这些是厉害的。别人没有的我要有，别人做不到的我要做到，这样才能彰显我优秀呀。至于是不是真有乐趣不是太重要，反正被羡慕就已经是乐趣所在了，世俗成功的逻辑都是这样的。一个单侧耳道狭窄的人偏要拍潜水照，和听人忽悠非要让公司养猪，这两件事，其实是相似的。

塔塔对着我后背说："二十岁写的遗愿清单现在看好多都是瞎写，不能算初心。"

我说："那时候是不知道以后能干什么，所以先写上一大堆，写的是可能性。"

塔塔反驳我："可能性就是可能打钩，也可能不打钩；可能性就是菜单，可能吃上，但不是非要点了不可。"

我翻回身来辩论："其实那时候也不懂什么可能性，就是敢写！从北半球写到南半球，又跳伞又跑马拉松，是敢写那股劲儿！"

"那你意思就是说，你那股劲儿还在呗？"塔塔逆光坐着，用她一贯的语气讽刺我，还斜眼瞅着我。我看见她鼻翼两侧已经垂下明显的法令纹，蜿蜒到嘴角，拱起一小簇皮肤，这是典型的脸部耷拉的特征。而我侧躺着，感受到枕头上松弛的脸蛋已经抓不住我的颧骨，都坠到同一边儿去了。四十岁这一年，衰老真真切切，现在如果照镜子，我的脸一定是歪歪的。

我突然对我俩升起了一片悲悯，温柔地对塔塔说："我意思是说，确实需要重写一份四十岁的遗愿清单了。"

到了假期第三天，耳朵不疼了，我提出下午要在岛上转转。我去过很多海岛，论水清沙幼，配套豪华，塞班并不名列前茅，但我挺高兴，在大衬衫里穿好比基尼，收拾好宽檐草帽和墨镜，想好等到了沙滩，还是要点上一杯马提尼喝一喝，这样才算是度假了。至于为什么整这么一套才算是度假，我也没有细想过，但电影里快乐的度假女郎都是这样演的，度假总有标准动作。

关于热带岛屿，我有过很多美好人生的幻想画面。刚写出爆款文《写在三十岁到来这一天》不久，我去录制当红节目《天天向上》，面对主持人和现场观众，我就曾吹嘘，我的人生理想场景就是海岛沙滩上，我穿着比基尼，身旁是英俊的配偶，我们俩一起喝着马提尼晒着太阳，两个孩子在周围欢笑玩耍。此时手机微微一振，我拿起一看，又是一笔钱到账了！

如今，我确实穿着比基尼来到了海岛，配偶没在。而且配偶到了这几年，头发已经开始变少，此刻正在远方北京照顾着孩子。孩子只生了一个，实则是生好一个之后，生活已经充实到不需要再生第二个了。最后自然想起了当初吹嘘的钱到账环节，又想起自己描述的逼真程度，不由得泛起了一些心酸。

我俩沿着阳光下的海岛一直走，沿路海风和椰林全都正好，和风景明信片里的一样好。我渐渐松弛下来，感到虽然换了日程，但也没错过什么。本来么，海岛就在这里，在我一年前辗转反侧的时候，海风和椰林从来都在这里，只是我不曾来过，美景没有变，起起伏伏的是我。这样想着，又感到错过了很多。

等从连绵的棕榈林拐入一片白沙滩，我们发现海面豁然开朗。这里的海和刚才见到的又都不同，颜色是更清更浅的淡蓝，而且海风轻柔，水面是波光粼粼的平静。近处，能看到细沙随着层层浪花形成由白到蓝的渐变，再往远处眺望，才看到细沙接壤到深蓝色大海，直到最远处水天交接。

我们决定就在这儿停下来，虽然周围见不到任何度假服务设施，更没有马提尼可以点，但不重要了。我脱下衬衫，光脚慢慢踏进水里，惊喜地发现下午的海水是温热的，再往里走，波浪荡漾着，一层层覆盖腿和身体，又有几番海风吹拂，摆动中我就被裹到海洋的怀里了。

我放松四肢，让自己漂浮起来，心里想，可真舒适真温暖呀。我去过很多海岛没错，但今天这里，此时此刻，是最温柔的海。

我先仰面望了一会儿湛蓝的天空，又渐渐把眼睛眯起来，感受周身皮肉在浮力中全都离开了骨骼的牵引，轻若无物。能体会到的只有呼吸，因为身体正随呼吸在海浪中起伏；还有太阳，太阳照射在脸上的热量，还有闭目时眼前笼罩的金色光晕。而水温恰如体温，只觉皮肤内外贯通融汇，我和海洋已浑然一体，不分彼此。我就在生生不息的海洋中，任由宇宙之风自由吹拂。

太美妙了，我必须分享出来，于是吸入一口气，闭着眼说：

"塔塔，我知道什么是自由了，我现在就觉得自由。

"我现在全都自由。

"我现在就是，时间自由，身体自由，灵魂自由，财务自由。

"所有的自由，我都有，我一直都自由。"

我说的句子都断续而没有章法，却感觉到一种完整的表达。

过了一会儿，我听见塔塔在附近小声回答：

"我本来都快睡着了。你耳朵刚好，就又吹上了。"

之前，我在书里写过一个句子"没有万般皆好的时刻"，现在我要收回这句话。因为现在的我已经知道，这样的时刻是有的，当我仰面躺在塞班岛清澈的海水里，就是万般皆好，最自由的一刻。

这样的一刻是我争取来的。也许一个人能感受多宽广的世界，他的自我就有多么辽阔。在大海和天空之间，我感受到自己是宇宙的公民，自由地享受着它创造的景象，漂浮在生命之流里。那一天，我正欠着八百万，却又是生平最自由的一天。毕竟，八百万，在宇宙长河中实在算不上什么大事，包括什么人生谷底，不存在的。当我终于在海面睁开眼睛，看到天空亘古长明，放眼望去，都是自由的未来。

我知道我刚写下的这几行字乍看毫无新奇之处，但必须说，就在那个时刻，我仿佛领会了千年箴言，日常几乎感受不到，那么朴素，没有痕迹，就像海水流过皮肤，再自然不过了，却是一个奇迹。

时间管理大课

辨认当下美好，沉浸其中，记取此刻。

塞班归来，带着海洋的启示，我要去讲时间管理大课了。

根据文创团队和客户签订的大宗定制条款，我的时间管理大课是随单服务的一部分。客户主体是一家国有银行的人力资源部，对课程也进行了题目定制，要求我讲的是"提高个人能效的时间管理方法"。题目并无新意，又要面对我不了解的人群，但备课时，感到八成自信还是有的。

从2009年到2018年，围绕新书出版签售的各类见面会，我少说讲了有两百场，各类媒体采访和创业论坛的演讲分享，应该超过一百回，再加上早年的播音主持科班训练基础，讲大课经验是没问题的。从2011年到2018年，围绕趁早文创中时间管理工具的设计和规划，我研究过大概五十个品类框架；阅读过的关于时间管理的书，怎么也有上百本。此外，在线上线下回答过上千个关于时间管理的问题，再算上趁早文创诞生前自己的兴趣和涉猎，在时间管理领域，我琢磨着也深耕超过一万小时了。过硬的讲课技术，加上熟悉的时间管理，就是这八成自信的来源。

至于那二成不自信，是因为我很清楚，就目前自己葫芦里的药而言，治自己身上的病，尚有治不了的部分。我早就在时间管理各种流派和书籍里翻过药方，这药方至今也还没找到。好在这二成十分隐蔽，我的武功虽然未至化境，讲一个随大宗条款定制的时间管理课还是绰绰有余的。再者完成自救计划责无旁贷，八成自信也要上，准备好 PPT，我就准时出现在国有银行的培训室了。

当天的培训课程有三部分，前两部分和我预料的进展基本一致。

第一部分，由人力资源部负责人先开场，重点强调具备时间管理意识、掌握时间管理方法的必要性。负责人是一位比我年长的中年女士，发型和套装都严谨郑重，尤其说到必要性的时候，她语速变慢，环视全场，让我想起中学时候的教导主任。我意识到，和一贯的分享不同，我一会儿可能需要调整讲课的语速和状态，匹配这个场合的严肃性。

开场后，负责人女士对今天请到的讲师进行了介绍。我的头衔是时间管理专家和畅销书作家，当负责人女士朗读书籍名字的时候，我看到在场的一百多个学员中，有两个女生的眼睛发亮并且向我微笑，我判断她俩是我的读者。

第二部分就是我的讲课环节。平心而论，讲这样的课程，就算已经充分备课，对我来说仍比任何一个读者分享会都辛苦。因为这些学员都是陌生人，对我和趁早的产品缺乏认知和感情基础。没有先入为主的铺垫，我的讲课更像一场说服和论证，要努力降低理解成本，也要努力搭建心灵的桥梁。为了更加生动易懂，我开始列举各种场景下的例子，去假设一个人的时间管理需求。这样讲了一会儿，我又试着再去剖析一些普遍问题，最后落到这些问题实际也反映出时间管理问题。当然是这样，太阳每天升起落下，在这之中做与不做，做多做少，每个都对应着时间轴上的一段时间，每个都能归纳联系到时间管理问题。

干涩而漫长地讲了很久，也许是一小时，我终于在两个读者女生之外，看到面无表情的其他学员渐渐有了反应，也点点头或者笑起来，一些人主动记了笔记，一些人开始拿起手机，拍下我的PPT。这时候茶歇时间到了，我赶紧去上洗手间，也好趁机歇一歇，调整一下自己。

上好洗手间，我决定就藏在单间里面补妆，这时突然听到一个女生问："这是今年第三个了吧？"

另一个女生回答："这个比前两个强，讲得有点意思，感觉还挺真诚的。"

"那你就上当了，一个不行就再换一个，总有一个能洗你的脑！"

"洗我脑？"

"对啊，让你热爱工作提高效率多干活啊。"

"那真洗不了，我热爱什么我知道，喜欢干的效率自然就高了，不喜欢的我也没办法。"

"你比我强，我一天天就是熬着。你说咱俩能是一套时间管理吗？根本就不可能啊！"

"那你就下班多干点儿喜欢的呗，把下班以后的时间给管理起来。"

"我倒想呢，我下班都躺着玩手机了。让这个老师给咱们讲讲下班时间管理也行啊。"

"那怎么可能呢？单位领导请的老师谁会给你讲下班啊？"

两个女生聊着离开了。我继续藏在单间，又过了一会儿才出去。

我没看到她俩是谁，但已经想好在下面的提问环节，要回答她们聊过的问题，讲讲不喜欢的时候怎么办，再讲讲下班以后怎么办。类似的问题我曾经回答过，但今天发现，场景一变，时间管理的需求也就变了。公司管理语境下的时间管理，和个人成长语境下的时间管理，出发点肯定不同，但有一点是一致的，就是关注人在单位时间的燃烧度，区别是，究竟在按谁的意愿燃烧。

对工作投入的人和敷衍的人，他们怎么会按同样的效率燃烧呢？上班时和下班后的时间，不同的人要追求不同的目的，这目的会千奇百怪，又怎么去使用同一套时间管理方法呢？

下半场课程开始后，我按照PPT又讲了一小时，之后是第三部分，提问时间。我环视全场，想找到刚才洗手间聊天的两个女生，但我认不出她们。人力资源负责人见没有人提问，说要抛砖引玉，先提出第一个问题，于是她问："作为一个职业女性，怎么分配事业和家庭的时间呢？"

不得不说，没有用"平衡"这个动词，这个问题已经是进步的了。我内心叹了一口气，欲言又止，想了一下只好说："职业女性，可能是本阶段有一份职业的女性，也可能是以职业成绩为目标的女性。其中的因果关系，不是因为是什么人，所以怎么去分配时间，而是因为想成为什么人，然后依照想成为这个人需要付出的时间去分配时间。是目标、行为和付出的时间定义了人。你分配的时间，会反过来塑造你。因此，这位职业女性，她想成为什么人，就应该怎么去分配她的时间。"

这个问题肯定没有标准答案，但可以继续追问下去，追溯提问者的意愿，然后再细分。时间管理就是人尽其才，是求仁得仁，如果每一个典型人物都能有代表性的时间轴方案，那药方就可以根据枚举法给出。想到药方，我在课堂上走神了，但获得了一些思路。

当天后来的问题，都中规中矩，也没人问出"不喜欢的工作怎么办"和"下班后的时间怎么管理"。但是，我在回答完那个职业女性的问题后，看到几个女生迅速低头做起了笔记。我希望刚才洗手间里的女生们已经记下了"是目标、行为和付出的时间定义了人"和"她想成为什么人，就应该怎么去分配她的时间"这两句。

回到办公室，我推翻了这一版时间管理大课的PPT。也没全部推翻，但我已经知道，之前的教研，只能算涉及了时间管理的一部分。时间管理的目标难道就是随时随地充分利用时间让自己更高、更快、更强吗？如果严谨回答，应该说一部分场景下是，特定时间中是，一个人一生中的某个阶段是。

那么全面的时间管理，就需要告诉使用者，是什么样的场景，是什么样的特定时间，是人生中哪个阶段。

时间管理的目标不是更高、更快、更强，而是让时间自由。生命有限，死生契阔，时间并没有绝对的自由，但总有能争取到的最大限度的自由。这自由是让喜欢的事充分完成，让不喜欢的事按需完成，让下班后的人更有章法，让不想上班的人能挣脱。更让所有人都知道，在客观的时间中，存在着去往这一切的路径。

自由，这就是我在塞班海洋得到的启示。自由包括时间自由、身体自由、灵魂自由、财务自由。我决定不再本末倒置，也不舍近求远，什么事能帮人也帮自己抵达自由，现在我就要做什么事。如果之前的所有时间管理都没有这个药方，那现在我就来创造这个药方。最重要的是，这个药方要有百分之百的标准——首先能解决我的问题。

在此，我需要再次引用自己2016年在一篇文章中引用的话——钱锺书《论快乐》里的句子，这句话清晰地描述了我的问题：

"洗一个澡，看一朵花，吃一顿饭，假使你觉得快活，并非全因为澡洗得干净，花开得好，或者菜合你口味，主要因为你心上没有挂碍。"

这句我一直喜欢，意境上都懂，可心里知道很难做到。

经过多年修炼，我的专注能力日臻完善，掌握了五种方法迅速进入沉浸状态，然而休假时始终除外。

我去到各种地方，大多美景怡人，我也赞叹，也驻足欣赏，也拍照，但总忘不掉出发前没做完的那些事，也忘不掉我是在去往未来目标的途中。何止忘不掉，简直就是谨记。我还知道不休假的时候，大量的平常里，谨记能力恰是我的骄傲，耳提面命，不敢稍忘。

赶路的时候我屏息凝神没问题，但休息的时候我总想着赶路，心里认为未走完这一程，不配一个大休息。目标高远，大休息迟迟不来，累坏了赶路的人。

可能是过早意识到这个问题，我年轻的时候有点儿喜欢逛夜店和喝酒，从中我能得到不指向目标的当下沉浸（指向目标的沉浸叫作心流），后来逛夜店也不能了，只有喝酒保留了下来。但依然常常会觉得，没干完这一票，不配开一瓶大香槟。

赞叹的是，这一年间我有了大变化——开始能够专注休假了。之前以为根本做不到。可见没有什么你以为根本做不到的事，主动追求加上外力，四十岁上也能求新求变。

外力之一是叶先生。婚姻的确是件大事，婚姻会重新配比你的业余时间，产生出一种叫作"共同度过"的东西，然后天长日久，伴侣的习惯和认知会严重渗透进你的生活。

叶先生和我一起生活了十年，每年开端他都会严肃计算在新的一年共有多少天假期，分析假期在一年中如何排布，然后会认真和我比对日程，甚至提前半年就讨论去哪里休假。

　头几年我都觉得这类举动非常好笑，因为他谈论假期的神情总像是在谈论什么决定命运的重大事情。

　我认为假期怎样都行，在家待着也行，出远门也行，能休息换脑子就是好的。后来我理解到这可能是叶先生把握"人生"的方式，毕竟一年大多数时间交给了公司，仅存的假期当然就珍贵。

　而我创业，工作和生活密不可分。我认为把握"人生"的方式在每一天里，唯独不在假期，反倒是假期把我的连绵人生切割开来，令我打破节奏，被迫休整。我选了创业，就是选了不再有真正的假期。心里不放假，去哪儿都有挂碍。不存在关上电脑和手机就告别工作这件事，我就算关上脑子，一切问题还是我的，问题不会自动解决。叶先生的假期当然有质量，他可以随时关上脑子，令人羡慕。

　毕竟婚姻里面有个核心事项叫作"共同度过"，我总是要随之度假。尤其机票、酒店都挺贵，美景当前总不能猛看手机或者魂不守舍，总要想想办法。

　几年前，我会认真思考享受当下和计划未来的比例关系，理论上我知道"三比七"是健康的，但不知道这三成如何实现。人们在假期中实现活在当下到底有哪些具体操作，还是说人们其实也都在瞻前顾后中度过了假期？

　"啊！日落真美，海鲜也好吃，但是我公司那个问题怎么解决？"我永远会这样想，美景稍纵即逝，问题层出不穷，我望向的落日总悬挂在一些待办文档中间，十分完美，如同电脑桌面壁纸上的落日。

　好在，后来叶先生出现了，再后来问问出现了，他们令我打破节奏，被迫休整。先是叶先生让我发现，我们的假期合影有时真心不错。"像是一对璧人呢。"我在心里说，因为那画面就像是少女时代想象的理想家庭海报。后来是问问长得太快，一举一动里经常出现成长飞跃，不盯紧就错过，因此就一直盯紧，渐渐沉浸其中，我于是和假期融为一体了。

在今年，当我注视全家的度假照片时，突然意识到：我曾经渴望的未来生活应该就是现在了。三十岁渴望的未来是四十岁，我曾经用十年去期待它的到来，现在已经来了。我已活在自己的未来里，此刻就是未来。辨认当下美好，沉浸其中，记取此刻。不然，我的未来何时才来呢？总不会在五十岁才到来吧。

外力之二，是求而不得。前年去了冲绳，旅程是叶先生早就定好的，出发之前一个蓄谋已久的大项目落空了，且落空得无力回天。我错愕了三十分钟，随即出现了一种奇特的松弛感。收拾行李时我放大音量来听我多年的"不叫事儿"歌单，包括《百年孤寂》《爱到荼蘼》《陀飞轮》《枯荣》，听完之后感觉良好，觉得这些都是我五十岁时候的下酒菜，然后拉着问问出发了。

我见过世界各地许多璀璨的黄昏，但都没有抵达冲绳那刻看到的玫瑰色夕阳动人。我没看手机，因为知道没什么好消息可看，也不想再解决什么问题，因为最糟的结果已经发生。我心无挂碍，长久注视着漫天光影流动变幻，我看见了夜幕降临中被微风吹起的问问的发丝，我甚至看见了远处天台上有人在放花火，闪闪烁烁的光亮。

我们往往是通过追求成功去追求幸福，但我们应该时时刻刻都去追求幸福。

那夜在冲绳，我终于开始真正拥有了假期，终于活在了当下，活在了我渴望已久的未来里。

以上，习惯持久努力、不敢也觉得不配休假，就是我面对时间管理最不自信也最不自洽的那"二成"，就是我要找到药方去解决的问题。

终极药方

从此以后，一人一块心田，好好种，种什么都开花结果。

好团队的形成过程随机性很大，一定程度上都是缘分。但所有神奇的缘分都是需要共识作为基础的。

在趁早文创团队，有个时间管理"铁三角"。这个"铁三角"除了我还有两个人，一个是 Alex 大表哥，一个是粽粽。在过去的六年中，整个趁早文创时间管理系列就是首先在我们脑中酝酿生发的。

我们仨谁都不是时间管理专业出身，当然，直到现在院校中也没有这个学科专业，因为它实际上属于通识教育，也可以说是交叉学科，根据应用场景的不同，跨越管理学、社会学、组织行为学、积极心理学，应该还有一些工程学。在组成这个三角之前，我在从事媒体传播，大表哥做动画和视觉，而粽粽在一个公益团队工作。

Alex 大表哥来到公司时，公司还处于趁早前传时期，开展活动策划和执行业务。主要办公工具在活动策划期是 PPT，在筹备期是 Excel，由分工和物料清单、进度甘特图和现场时间流程表组成。

有些人天生左右脑都发育得一样优秀，比如大表哥。这样的人既可以用右脑发散演绎，视觉化结果，用左脑逻辑归纳，按部就班地把结果实现。当他的左右脑在同时飞速工作，右脑的天马行空在当下就可以得到左脑的评估和修正。

类似于，当我们讨论要不要盖一栋房子，大表哥的右脑瞬间就投屏出了十栋风格迥异的房子；当我们说这栋房子要国际主义简约造型的，大表哥投屏中十栋房子中的九栋巴洛克式复杂华丽的房子就迅速湮灭掉了，而与此同时剩下的那栋简约房子又立刻衍生出了十个变形，全都在投屏上一起展示旋转。这时候，我们又讨论说，看预算，想保留游泳池，就只能盖两层。到这一步，大表哥的十栋房子都被同时拉到了左脑的分屏中，拉起 3D 网格和辅助线，理性计算后，有两栋房子可以削减到两层还能搭建游泳池。最后当我们说，不知道木质和水泥外墙哪个更适合这个环境，大表哥左脑投屏里的两栋房子就会自动贴上材质，然后再拉回右脑的风景图中，最后大表哥欣赏了一番自己大脑中的投屏，在会议结尾表达了自己的看法："木质的吧，木质的适合。"

以上就是大表哥左右脑的运行实况。在趁早的活动策划业务转型之后，大表哥就是使用这样的大脑来研究文创的。

又有一些人，天生是不需挣扎的人肉时钟。这样的人说早起就早起，说读书就读书，约好下个月最晚 3 日交文件，那么在 2 日这份文件就一定会发给你。时间管理"铁三角"粽粽就是这样的人，她还拥有着可怕的撒切尔基因，是个每天只需要睡四小时的人。

当一个人的可用时间又多，又及时，又充分，是一种什么体验呢？

我看过一集奈飞公司出品的科幻剧《黑镜》，当时就想到了粽粽。这集里的女主人公复制了自己的意识到一个小白盒子里，可以称之为"时间管理白盒"。从此另一个自己就需要在"白盒"里为这边真实世界里的自己工作。都是什么工作呢？就是按时按节奏地对真实世界的自己做出最优的行为提醒和规划。这可不同于任何时间管理大师，因为服务你、提醒你、鼓励你、安慰你的其实是你自己的分身。你行与不行，是懒是馋，她了如指掌，于是她对你所做的一切都是在充分了解你的基础上，为了你好。

与此同时，由于科幻剧的设定是在人工智能时代，这个"白盒"还能够参与万物互联，这也就意味着她可以依据你的偏好和个人特点，及时给你预设好窗帘自动打开时间，调节房间光线与温度、咖啡冲泡口味、饭菜火候，安排出行交通等一切你本来需要自己费心安排的烦琐事务。还由于这个"白盒"具备你的智力基础，她还会持续学习，然后把学习成果应用于你的生活和成长。你根本不需要培训她，给她提标准，因为，她本来就是你本人，你才是你最好的助理和仆人。

我看了这个剧集，简直梦寐以求有朝一日自己也能拥有这个"时间管理白盒"。后来我一想，有人就是带着这个"白盒"出生的，这个人就是粽粽。粽粽从公益组织来到趁早之后，迅速就掌握了时间管理各种原理和所有的表格，就像一个人肉白盒，见到了一堆纸质白盒，可能是一种降维打击。

大表哥能脑内投屏，粽粽是人肉白盒，说到这儿，我不禁得思考一下，我作为"时间管理铁三角"之创始一角，拥有的是哪种超能力呢？

我还真想到了。我拥有的是"上身法"，放影视剧观众身上叫作"代入感"，漫画里叫"魂穿"，表达起来叫"如果我是你"。

早期我读自传，每合上一本书都像过了一生，这就是代入感。看电影看剧，只要艺人的表演不是特别出戏，就能跟着主人公的命运哭哭笑笑，这个也是代入感。应用到日常生活，这个也叫同理心。

但是，上身法还不同于同理心。同理心是我理解她的境遇，所以我此刻共情于她。而上身法，是用我的观念叠加到她的认知，然后再到她的境遇里，站在她的角度，顺着她的目光，再次打量她看到的图景，听她描述的问题。甚至，因为这个时候我们共有四只眼睛和两个大脑，我能替她看到不同的图景，发现不一样的问题。然后，我指出图景，也能从我的结构里，想出与她不同的方法，去应对问题。

本来这上身法，是看自传之后，我用在自己身上的。每逢坎坷而无人问，我就幻想自传里那个厉害的人来到我的境遇，帮我打量，再帮我识别问题，然后让我采取一个更厉害的人才会采取的行动。因为我知道，旧行动只会是旧结果，新行动才能有新结果。想做新人，就要做新事。而这件新事，需要那个厉害的人上我的身，让我沿着他的目光看，沿着他的头脑思考，我才能最终做出来。

研究时间管理之后，我发现，这种上身大法还可以往来穿梭，别人上身我，我也可以上身别人。具体到一个时间管理方案的产生，其实是在知晓一个人的点位后，站上他的点位，再和他一起环视和眺望，分辨和分类，最后画出地图、路线和里程碑。在无数次推演中，凭借上身法，我得到了无数好用的表格和方案，当目的地和方案被写下来，就是《写下来的愿望更容易实现》。

如今我从时间管理大课归来，有重要议题需要商讨，"时间管理铁三角"之"脑内投屏""人肉白盒"和"上身大法"集齐，按说，是召唤出什么终极神力大药方的时候了！

我先提问："怎么样就算时间自由了呢？"

棕棕说："时间自由是意志在时间中自由。人只有这一辈子，在每个阶段想干的事都有时间干了，就算自由了。"

大表哥补充："人每个阶段想干的事可太多了！小时候想玩儿又想学习，年轻时想挣钱又想谈恋爱，中年了想休息又不能休息，老了想活够本儿又想养生。"

我归纳："所以人一生，是由几个复杂的人性共同分享的。就像是一个身体里的小动物、社会人和小神仙在抢有限的时间。时间自由，就是他们在各自时间段里都能充分满足，小动物的归小动物，小神仙的归小神仙。小动物要吃玩，不顾及明天；小神仙要修行，不在乎挣钱。"

粽粽问："那社会人呢？"

我说："商业时间管理就是专门安排给社会人的，我前面的时间管理大课，就只是商业时间管理。社会人要创造价值，攀爬社会阶梯，光耀门庭，就要计算投入产出效率，就要增强核心竞争力，那就需要商业时间管理来安排，刷题！深造！加班！努力！"

大表哥说："哈哈！所以商业时间管理就是：待办清单、甘特图、四象限法则，重要不紧急！"

粽粽笑起来："哈哈好可怕呀，我们现在努力讨论的样子，好像社会人呀！"

我继续说："人在生物学、哲学上都有定义。如果说人是被他正在使用的时间所定义，那我们现在，拿着议程加班讨论的时候，在这个时间之中，就是社会人！"

大表哥说："这个酷，我怎么使用这一个小时，这一个小时里，我就是什么人！所以商业时间管理，不是总能管到我的。我可以在其他时间不被它约束，这就解释了不学习、不工作的时间也可以有价值，这能治疗很多焦虑啊。"

我突然想到药方的事："对，我原来一直觉得自己不配度假，就是商业时间管理带来的焦虑！"

粽粽想起了什么："一样，我原来在非营利机构，就不适用商业时间管理，很多人不理解在不挣钱的机构有什么干头儿，但我干得很高兴。"

大表哥也很同意："那我原来因为兴趣去学电影后期动画，也不适用商业时间管理，但我当时学得非常沉迷。"

"这么看，你们俩当时就算时间自由。能选择去非营利机构，能学电影后期动画，求仁得仁，就是时间自由！"我给出判断。

"还真的是！"他俩都高兴起来。

大表哥又说："但我当时一起学的同学，有的是因为一直没找到工作，家里给交学费逼着让学手艺，他就学得特痛苦。学同样的东西，对他来说就不可能是时间自由。"

我分析说："因为出发点完全不同，你是为了好玩，他是为了以后生存。"

大表哥说："我一开始是为了好玩儿，后来完全沉迷了，一做做一天都想不起来吃饭，也不会去担心这个手艺未来能不能赚钱。反而我的作品是我们班上最好的。"

粽粽说："那你这是进入心流了。"

大表哥说："但我后来没干这行呀。也有同学本来就是这个行业的，专程又来学手艺，学完回公司就变成骨干了，学完就赚钱了。"

我不同意："但你如今但凡涉及屏幕审美的手艺都很厉害，已经全都变成核心竞争力了，也赚钱了。"

我总结说："这说明，看似用同样的时间做同样的事，但不同的人出发点完全不同。有的为了生存，有的为了赚钱，有的为了好玩，最棒的是你这种的，能获得心流。心流本身就是自由。"

粽粽马上说："那我有个启发！说明别人本阶段做的事，如果你没有相似的出发点，就不具备参考性。要是人家为心流，你为赚钱，那人家做了就已经幸福了，但如果你没赚到钱，就会痛苦；要是人家为好玩，你为生存，那人家是跃跃欲试，你是度日如年，感受会有巨大的差距。"

我也受到启发："那这么看，商业时间管理研究的时间，要么是用来生存的时间，要么是能赚到钱的时间。其他分给好玩和心流的时间，就需要有对应的时间管理来解释和分类。不然人就会一直在其中摇摆和焦虑。"

粽粽又说："对！那还有运动锻炼的时间，应该算哪一类呢？"

我分析说："运动锻炼是为了健康，是为了好看，不一定是为了好玩或者心流，但保持健康应该是所有时间管理的基础。如果负责任地给别人提时间管理的建议，用于运动的时间是必须要保障的。但是现在所有的商业时间管理，都不会提这个。"

大表哥又问："那玩游戏、刷短视频入迷了怎么算？本来就是想简单玩一会儿，结果被手机绑架了，完全谈不上时间管理，因为根本就没想着管理，没有管理的时间应该怎么分类呢？"

我说："主动去对时间掌控，才是时间管理。人可以主动去玩，人有选择玩的自由。人是可以心安理得地玩的，这是人天然的需求。商业时间管理给人的焦虑，就是让你有一种错觉，认为玩和休息是让人惭愧的。但是，本来主动玩的意愿，被手机、游戏或者其他让人上瘾的东西绑架以后，这部分时间就变成被动的了。"

粽粽补充说："这么看，没智能手机的时候，和有智能手机以后，不是一种时间管理。因为现在算法太聪明了，手机的精神控制能力太强大了。"

我说："那时候的时间管理应该容易多了，可以叫作古典时间管理。我们现在研究的是智能手机时代的时间管理，在智能手机参与之下，寻找时间自由。但自由一定是主动的，因为被动不可能自由。时间自由，一定是从主动的选择之中得来的。"

讨论到这儿，有什么东西陡然澄明，我感到之前所有对这件事的采撷和堆叠来到了一个聚变的节点。在无数的愿望和纷飞的表格之中，那些真实的时间需求分类已简洁明朗，都各自对应着一种生命的质感。药方已经浮现在我脑中：

"一套完整的时间管理模型，可以帮助人正视和厘清自己的真实需求，去实现饱满自由的人生。一个追求饱满自由的人，会想要健康自如地使用自己的身体，所以他一定会付出时间锻炼。他还会渴望成长，成长中一定会遇到挫折和困境，他意识到这个时期自己的痛苦，就会付出时间应对和突破；他会期待拥有安身立命的能力，让双脚站立在坚实大地上，因此他会付出时间打磨核心竞争力；他一定喜欢玩，也对各种人和事感兴趣，他会保有好奇心，愿意付出时间多看这个世界；一个幸福的人，一定常常沉浸于热爱的事物，在心流中抵达精神家园，为得到心流，就要付出足够多的时间。一个人的生活可以是丰富灿烂的，他可以活得像个花园，其中生长着不同的植物，对应着付出的不同时间。"

按照加西亚·马尔克斯《百年孤独》的开头方式，这个故事应该这么叙述：两年后，当《五种时间》成为超级畅销书占据全国社科类书籍榜单首位的时候，趁早的三人时间管理团队又想起 2018 年那个炎热的下午，他们对时间管理做出的崭新的五种时间分类：生存时间、赚钱时间、好看时间、好玩时间、心流时间。

获得这五种描述时间的词组和它们之间的结构关系之后，真正的"五种时间"时间管理大课随即顺利诞生。练入最上一级拿到药方，如有武功秘籍自动呈现，我的武功便日渐炉火纯青，既可以坦诚教学商业时间管理，也可以深入浅出丝滑回答广泛提问，最重要的是，它解释了人的真实需求和人在时间中的自由意志，也就彻底医治了我自己。确切地说，这不是一套药方，而是一套药理，明确了五种时间的规律和作用机制，经由排列组合，便可衍生出万千药方，根据不同的心愿和根基，对症给药，让每个人都可以耕种自己的时间花园。从此以后，一人一块心田，好好种，种什么都开花结果。

2018 年 7 月之后的两年中，为了论证它帮助人建设时间花园的有效性，在整理成文字出版之前，我在全国一共巡讲了二十六场线下课程。课程由"脑内投屏"Alex 大表哥设计出所有现场感官体验和教具部分，由"人肉白盒"粽粽规划出所有流程表单和练习册部分，由"上身大法"在下潇洒姐完成现场的深度拆解与演绎。"时间管理铁三角"堪称完美组合，令古典时间管理进入到智能手机时代的时间管理，面貌焕然一新。

生存时间、赚钱时间、好看时间、好玩时间、心流时间，这五个词组棒极了——在表达时间自由的过程中，我们放弃了所有大词。就像穿过繁复的礼服，人会开始喜欢简单的衣服。华丽复杂的东西多数是为了显示实力，或者掩盖虚弱，而我们不再虚弱了。

就是这样。一旦念觉，则时来运转。

本命事业

人的福气早就写好，就在本命中。找到本命，把它做下去，就是事业，和它在一起，就是自由。

马甲线大赛从 2016 年起办了三届，因为第二届的旅游目的地，我去了夏威夷跳伞，并在夏威夷的黑夜醒悟；因为第三届的旅游目的地，我去了塞班，漂浮在海里见到了自由。很明显，马甲线大赛就是我的本命比赛，之中囊括健康好看、新老朋友、遗愿清单、美食旅行，竟然还有人生觉悟。我知道，真正要做的事，就蕴含其中。

2018 年年底，忙完"五种时间"，我开始仔细观察聚宝盆一样的马甲线大赛，看它到底从何而来，又为何而来，这样一追溯，时光就要倒流回 2013 年。

这世间所有发展到繁多的事物，追溯起来都是一个小得不能再小的缘起。马甲线大赛的缘起里包含三个人：问问、我、孙教练。

问问是我的女儿，她是第一个缘起，因为 2012 年 12 月，她出生了。

我的行动是第二个缘起，因为 2013 年 3 月，我被产后身材吓坏了，决意在家自己找办法减肥。

在这一套缘分的聚合里，前两个只是基础，因为常常有千万个婴儿出生，又常常有千万个女性被产后身材吓坏，决意减肥。

其中最重要的缘起是，有人给我派来了人间天使：孙教练。谁能想到，因为多出一个教练，人生就会在之后拐向另一个平行宇宙。

派他来的人，或者说派他来的公司，在前文第一章"盛夏的伏笔"里出现过，它叫耐克。把伏笔这件事搞得最富于技巧而又深藏不露的大师，从来都是命运。

整个流程简单说就是，耐克官方发现我在微博上连载自己的居家健身打卡，于是找到我，和我沟通了两件事：第一件事，支持我把微博上的话题内容"和潇洒姐塑身100天"出版成书；第二件事，为我定做到2013年年底的长期健身计划，并选派专业教练一名。

耐克给的出版支持我不陌生，但对教练支持我一知半解，还想再探讨一下。耐克官方说，你先看看这个教练。2013年，孙教练二十六岁，俊美又矫健，阳光又温和，我一看，这件事儿就定下来了。孙教练就这样来到了我的身边。

就个体外形而言，孙教练给我带来了什么变化呢？在此就适当吹一下吧：他开始训练我那年，我三十五岁，如今我四十四岁，从三十五岁到四十四岁，每一年我都以为那是我身材的巅峰，然后发现下一年才是巅峰。差不多就是这个变化。

孙教练到来以后，我人生中运动这条线就发展得顺风顺水。运动插画书《和潇洒姐塑身100天》出版后，2016年，我又在优酷平台开通了《和潇洒姐塑身100天》节目，同年首届马甲线大赛启动，选手云集，赛事话题在微博获得了上亿阅读。现在的问题是，这里面我的本命到底是什么呢？就是每年做马甲线大赛吗？

如果塞班的海洋已经告诉了我，是身体自由，那么，什么是身体自由呢？是谁的身体自由呢？

由于常年运动习惯已经建立，我本人对身体自由是没有困惑的，因为抵达它的途径相当确定：是五种时间中好看时间追求的目标，是运动、睡眠和饮食这三项综合管理的结果。只要把行动调整到使这三项都达到科学合理的程度，健康就是一个大概率结果。本来这个世界上付出必有回报的也只有两件事，分别是，好好学习和锻炼身体。

身体自由虽然不好描述，但我马上就能说清楚，什么叫作身体不自由。

如果你有一个时期，出门前总是频繁换衣服，照镜子发现哪件都不太顺溜，不是这里太厚就是那里太宽，这就是典型的身体不自由，或者说，身体的情况已经让你不自由了。反过来，身体自由就是在选衣服穿衣服上不费劲，基本上轻松搭配随便穿，只有场合的匹配，没有掩饰的需求。

这样的身体不取决于绝对的身高和骨骼，只要体脂合理，肌肉匀称有弹性，都能让衣服在身上自然妥帖。

或者说你有一个时期，见人前总要花心思遮盖皮肤问题，必须认真使用粉底遮瑕这些人工颜色去营造健康匀净，已经很难做到简单打理就容光焕发，说明皮肤已经不自由了，表现在不能自由见人，不敢自由跳过化妆这一重要流程。皮肤不自由以后，那些说走就走的约会都已经不适合你了。

还有一种情况，就是不愿参加一个三公里以上的集体跑步拓展活动，想想都觉得累；大堵车的时候，对临时下车跑步前往目的地并及时抵达没有信心；在旅游景点，需要拾级而上到一览众山小的地方，你会选择留下给大家看包；遇到高层电梯停电，不会立刻毫无怨言地开始自行爬楼；出去玩的时候频频叮嘱让小孩慢点儿，实则是已经追不上自己的小孩了。以上这些，都是因为体能不支撑，所以身体不自由了。

至于马甲线大赛之中的比赛元素"马甲线"，则是身体自由的视觉指征——体脂低、肌肉饱满，所以穿衣自由了；代谢好、常出汗，所以皮肤自由了；心肺强耐力也好，所以体能自由了。所有路径当然都是运动，运动简直包罗万象，包治百病。

经过这几年对马甲线大赛的观察，可以说，当初那位肚皮处衬衫紧绷的投资人的判断确实洞穿人性，运动果然反衬着人性的弱点，可谓知行合一中的重大考验。简单说，大家难道不知道持续运动可以获得好身材吗？大家难道要通过观看马甲线大赛的冠亚季军才知道吗？当然不是，大家早就都知道了。

反过来，互联网上无数的健身视频，免费的、收费的，足够练一辈子了，但当你随便走上哪个繁华街头，放眼望去，人群中依然没有几个紧致健美的人。没有办法，好玩的、好吃的、上瘾的、舒适的东西永远诱惑我们，我们最爱的生活都建立在人性的弱点之上。真没有办法吗？孙教练当年的办法是什么呢？他让我慢慢长成一个新我的过程是什么呢？

如果说我每年的小巅峰是这个过程的结果，那么当过程按期按量克服掉人性的弱点持续发生，结果就必然出现。那么，是不是这个过程，才是我的本命？

到了 2018 年第四季度，团队解散后硕果仅存的两位互联网产品运营同事来找我，和我讨论 2019 年产品的方向。

作为公司创始人，说是在带领着团队创业，但很多时候，我的创业感受是团队在转圈给我发卷子做题。就好像我刚刚还埋头在上一节课留的五种时间的作业里，铃声突然响了，下一节课的互联网产品任课老师又走了进来，并迅速发下新卷子，要求我马上做。但这一次，我迅速做出来了。

我说："2019 年的产品，我已经知道怎么做了。"

"怎么做？"两个互联网产品运营女生坐在对面反问我。

这俩女生的名字很有意思：一个使用的是之前大厂的花名，叫莫晚；一个使用的就是自己的真名，谐音叫发力。当我们偶尔和别人线上线下开会，自我介绍说"公司叫趁早，我们分别是潇洒、莫晚和发力"时，对方会停顿琢磨一下，很怀疑这是一套基于成功学团队管理的精心设计。

我把五年前出版的插画书《和潇洒姐塑身 100 天》拿给她俩看。

莫晚说："如果是运动课程，就又是普普通通的知识付费。"

什么是团队之间的懂得呢？这句就是。在和我一起经历了养猪大坑的血雨腥风之后，短短一句话，前面已经省略了前情提要和价值观共识的三百字。

发力说："每次马甲线大赛之后，评论多热烈，大家还是总想要那样的身材。但是我记得大姐您说过，人的真正生长，是精神觉察、灵魂唤醒。肉体当然要健康要好，但在灵魂面前，皮囊还是得退到后面去。只有像时间管理这种渗透生命的事，才涤荡灵魂，才归我们做。"

我说："我现在明白了，行就是知，身体就是灵魂。身体还是田地，要日精日进，深耕自己的田。我要做的产品是，让大家能真的愿意为结果梳理自己，也付出过程。"

莫晚说："如果付出一定能得到，大家是可以付出过程的。"

我说："身材这事，横下一条心，给自己 100 天，肯定可以得到。"

发力问："那我们就调研和归纳所有付出了过程的人，看他们都做到了什么，然后在产品和运营上，复现出这些动作。"

我说："我就是这个人，我知道这些动作。"

我站起来，在白板上一个一个，给她俩从头总结这些动作：

第一个动作，耐克在微博上看到了我的产后康复打卡，看到了我的动机。

第二个动作，孙教练给出运动计划，计划匹配了我的能力。

第三个动作，每次训练，我都有孙教练陪着，鼓励着。

第四个动作，我参加了耐克的小健身团，一起准备半马。在 2013 年下半年，我们健身团七人都坚持了训练，也都在年底 12 月完成了上海国际马拉松的半马。

第五个动作，非常重要，耐克预先告知了本次计划顺利完成会有的奖励——耐克还将支持我参加台北马拉松。在我心目中，已经依据这个奖励幻想出未来环球运动生涯的许多旅程。

"因此，"我坚定地总结说，"我们这个新产品需要的功能和运营是什么呢？我们需要：唤起大家的变身动机，匹配一个好计划，一个坚信过程的好教练，一支陪伴小队伍，一份意志力的优感。还有最重要的，一定，一定，要为参加者设置好确定的奖励！"

莫晚说："给这个产品起个名字吧！"

我说："就叫趁早行动。行动改变人生。"

发力说："第一个计划就做'和潇洒姐塑身 100 天'吗？"

我说："对！就是我，我就是那个坚信和陪伴过程的人了！"

我明白，论健身运动，我只能算一个运动启发者或者陪伴者，是一个在岁月流逝中逆流挣扎的人。要说这件事的意义，有点像加缪赋予西西弗斯的幸福，时间如离弦之箭，人在命定中衰老，但在逝去和有限中我偏要努力，努力中我偏要高兴。渺小的人能做的不多，这种偏要和高兴，就是意义，就是过程。

莫晚和发力坐在我对面，眼睛闪闪发光，我盯着她俩看了一会儿，突然意识到，最棒的团队早就准备好了，一个叫莫晚，一个叫发力，她们一直就在我的身边。接下来，我要和团队一起做好最关键的项目。要从头到尾，翻山越岭，让它成为经典战役，要让它胜利。

2019 年 3 月 1 日，趁早行动携第一个计划项目"和潇洒姐塑身 100 天"顺利上线，迄今有二十万人参加了趁早行动上的运动类项目。趁早公司扭亏为盈。

2020 年到 2022 年，我通过了 NASM-CPT 美国国家运动医学会国际私人教练认证考试，成为国际认证教练。趁早行动的 100 天计划项目涵盖五种时间结构下的各种技能和习惯养成，发展为一个正向生活平台。

写这本书的这一年，我已经四十四岁，岁月让我领会的道理简简单单，一句话就能说完：

人的福气早就写好，就在本命中。找到本命，把它做下去，就是事业，和它在一起，就是自由。

我的本命结构：五种时间

我的本命文创：趁早效率手册

我的本命赛事：马甲线大赛

我的本命运动：居家徒手 HIIT

我的本命教练：孙教练

我的本命事业：帮人养成好习惯

人的一生有 300 个 100 天，用 100 天做一件事。

我要把孙教练在我这里实现的事，对大家做一千遍、一万遍，最好是千千万万遍。

Chapter
Five

第五章　盲盒之约

人生这趟旅程走到这一站，是真正要做个大人了。

真正意识到自己要正式做一个大人，是从看到验孕棒上那两条红线开始的。那年我已经三十三岁了，但内心，好像对很多事都并没有当真，都还存有"挺有意思的，要不试试看玩一玩儿"的心态。包括之前的考研、恋爱、结婚、创业，回忆起来，都有个探出一只脚先碰一碰的过程，探到六七成，等到一个决定性瞬间，内外力结合之下，才终于把另外一只脚和整个身体重心向前挪动，这才吸一口气，定睛细看，下定决心继续走。

迟迟不想当真，是害怕那种"人生就这样了再也无法更改"的感觉，而且潜意识里感到大人般的生活就会是十年如一日沉闷着走下去。但同时，又有一股残存的少年志气，总是渴望能像大人一样做出什么宏大的决定，期待决定了就会生出一股"我要为自己负起整个责任"的勇气。就这样，成长里各种感受交织着，也不知道哪天算是真的长成了大人，直到我看见那两条红线。

那是 2012 年 4 月的一个早上，家里很安静，只有我一个人。我捏着验孕棒，从洗手间走到客厅又走到书房窗边，事实上我只是乱走，因为思路已经混乱起来。在春日明媚的阳光下，我又仔仔细细地对比了红线，认为确凿无疑，几个念头才渐渐明朗：

人生这趟旅程走到这一站，是真正要做个大人了。

从此我要给他人生命，然后要肩负他人的命运了。

但事实上，我连我自己的命运，心里都还没有数。

那么，我们接下来就一起，让两个命运都有数吧！

以上，就是这段人生新鲜刺激的开端了！

一个大卵泡

"真好看呀！像蒸饺儿一样好看！"

正式出现有关孩子的闪念，大概是在三十二岁那年。

在生孩子这件事上，我发现人和人的观念有相当大的区别，等到我三十二岁的时候，周围的人多数都已经做出了选择，至少是已经宣布了自己的选择。当各种生与不生的理由听到足够多的时候，我有了一个新发现。

我二十岁到三十岁的十年，实际上对生育这件事有着一种故意反其道而行之的叛逆。因为人年轻，又亟需标榜自己有着区别于大多数人的态度。大多数就意味着平庸，既然不想平庸，那么大多数人都会做的事情，我先要选择不做。尤其当看到甲乙丙丁我不认同、不喜欢的人，纷纷生了孩子，再听到七大姑八大姨在她们的逻辑里重复着生孩子重要性的时候，这种逆反加强了，心里想，哼，才不要和你们一样。

闪念出现在我创业第二年的一天下午，那时候我租了一间商住两用的办公室，坐落在高层居民楼群之间。每天上下班，都要经过楼群中心的花园绿地，那里简直就是一个闹哄哄的育儿中心。两年中，我见识过上百个婴幼儿在他们的父母、老人或者阿姨的带领下在花园里摸爬滚打、共同成长的盛况。每天都在这片咿咿呀呀中快速走过,就像走过一个繁荣但是与我无关的市集。有了女儿之后,有时候我也会回忆,从无感到有感,这件事儿的开关到底在哪里呢?

这间居民楼中的办公室用得并不方便,我挣了点儿钱之后,决定搬到更清净的别墅区去工作。临近搬走的一天,我接替同事等待搬家公司的周转,于是在楼下花坛边儿上坐下来,独自看护着公司的纸箱。

这是我第一次近距离长久地观察婴幼儿。到三十二岁的年龄,同学同事家的小孩子已经见过很多了,其中不乏已经上了小学的。但是我一直没学会怎么在婴儿的父母面前夸奖婴儿,也没掌握和小孩子交流的方式。遇到饱满鲜亮的孩子,我会由衷地赞叹说:"真好看呀,像个蒸饺儿一样!"一旦遇到焦黄皱巴的婴儿,我就会语塞,陷入尴尬的境地,只好应付着说"好小只哦!哎呀吐奶了!快给擦擦!"之类的客套话。根本上,我觉得那是一坨新生的小小生物,内心无感,和我无关。

记忆里那大概是初夏的一天,因为天气温暖和煦,花园里铺满下班时分的金色夕阳。也许有十个孩子,也许更多,都和花草掩映在一起,这样岁月静好的画面,就像广告片里的一幕。

搬家车迟迟没有来,但我看见有个像是刚会走的孩子,摇晃着走向了我看管的箱子,她的妈妈跟在身后,伸出双手保护着。孩子向前一歪,扑在箱子上,我吓了一跳,但孩子已被妈妈在后面及时拽住了。母女二人近在咫尺,我开始礼貌性微笑,又意识到父母当前,也要礼貌性地夸夸孩子,看到孩子在抠箱子上的贴纸,于是迅速夸了出来:"观察能力可真强!"

"是呀,她最喜欢颜色鲜艳的东西了!就喜欢贴纸!"妈妈喜笑颜开地搂着孩子，孩子紧紧地搂着我的箱子。看到孩子抠着的贴纸，我意识到这个箱子里装的就是各种颜色鲜艳的贴纸，是我们做活动剩下的物料。我扯开胶带，从箱子里拿出一张送给了孩子。

这个孩子拿到贴纸，竟然快乐地呼喊起来，吸引了周围另外几个小孩的注意。很快，我的箱子旁边聚集了五六个小孩，每个都如愿得到了一张贴纸，我耳边"快谢谢阿姨！"的教导声此起彼伏，这些小孩有的应该还不会说话，但都纷纷多看了我几眼，我理解也是感谢的意思。

领到贴纸的小孩陆续走了，有一个小孩没走，这是个小女孩，她一只手捏着刚得到的贴纸，用另一只小手拉着我的袖子。我以为她想要更多的贴纸，刚要再打开箱子去拿，这个小女孩顺着我伸开的胳膊，一下子就贴到了我怀里，怀里突然就软软绵绵，也热热乎乎的了。

"她喜欢你呢！"旁边跟来的是小女孩的阿姨。阿姨一下子在我身边坐下来，说："正好，我给她冲点奶，她该喝奶了。刚才她老赖着我，都没法弄热水。"

阿姨在旁边忙着冲奶，小女孩贴得更紧了，背对着我，一边扶着我的膝盖，还一边往上蹭，说着"抱抱"。说是在蹭，其实我感觉到她只有一点点力气，简直不会比小猫更大，但是动作和声音都很清晰地在表达着强烈的愿望。我还不知道她到底要怎么抱，正在犹豫，她把头转过来，黑眼睛望着我，小胳膊举起做出环抱的姿势，示范给我看。"抱！"她又说。

我这才看清，小女孩是个很好看的小女孩，就是我看到会由衷赞叹"像个蒸饺儿一样！"的那种好看，饱满鲜亮。我很想抱起她来，于是点头说"嗯！"，她一下就笑了，露出白色米粒一样的两排小乳牙，还有浅粉色的牙龈，牙与牙根本不连续，中间都是大的缝隙，但也非常好看。鼻头也很小，小孩的鼻子竟然可以这么小！把她放在膝盖上抱好以后，我又仔仔细细端详她，看她的刘海和发丝，刘海因为出汗，两侧都趴在额头上，毫无发型可言，却还是好看！

"她长得可真好看啊！"我向她的阿姨发出了由衷赞叹。

"好看吧！我照看过好多孩子，这是最好看的闺女了，以后还能更好看，那长大得老好看了！"听口音这是东北阿姨，阿姨说："人见人夸啊，我抱她出来都脸上有光！"

也许是因为见到我笑眯眯地抱着孩子没撒手，阿姨把调好的奶瓶递给我，说："你喂不？你喂吧！"我竟然就没推辞，接过奶瓶试探着开始喂，有点慌也有点惊喜，但假装镇定，脑中迅速搜罗我见过的喂奶动作。其实根本不用费心，小女孩熟练地握住奶瓶，调整到一个她想要的角度，迅速吸吮了起来。

小女孩在我怀里喝着奶，整个世界都安静了下来。我低头看着她，一根一根的眼睫毛，小鼻子在翕动，她目不转睛地看着我，从容又信任，好像我们俩一直很熟悉，所以配合默契。

突然一个声音响起来："闺女，说你这里能领贴纸啊？我们也想领一张行不？"

我抬头一看，是个奶奶，拉着个小男孩站在我面前。我怀里的小女孩也被问话打断了，吐出了奶嘴，好奇地侧头看。奶奶看了看小女孩，又看看我，皱纹突然簇到一起笑了起来："你闺女和你长得可真像啊！哎呀可太像了！"我还没来得及说话，奶奶又问："小闺女几岁了啊？"

旁边的阿姨替我回答："一岁半。"

奶奶又夸："瞅这小闺女真稀罕人，真会长，细看比妈还好看！你看你脸平，她脸鼓，但是眉眼可真像，你这真是大福报啊！"我笑了起来，也没解释，又抱着小女孩互相端详了一会儿。

奶奶和小男孩拿了贴纸走了，搬家车也到了，阿姨从我怀里接过小女孩，问我："你没孩子吧？"

"嗯。"

"你生一个，要是随你，也能长这样！到时候，你自己想怎么抱就怎么抱，你多大了啊？"

"我三十三。"

"啊！你都三十三了啊！那可得赶紧生了！你生一个吧！"

那天上了搬家车，天已经黑下来了。我坐在车上，第一次认真开始思考"生一个"这么重大的问题，而且意识到，经历过这么短短的一个下午，我的角度竟然开始发生了变化。自己之前是因为不想经历生孩子，还是不想体验养孩子，还是，单纯地，不想和大多数人一样呢？

好比在红绿两个颜色中间，我一看大多数人上来都选了红的，那我当然要选绿的，用以呈现我的不同。但如果有一天，我意识到真正喜欢的其实一直是红色，等我发现了自己的真实需求，却已经站不回红色队伍里了，这可怎么办呢？我觉得从年龄窗口角度出发，这件事要做就要趁早，从现在开始，三十四岁，我要有个孩子了。

之前还完全无所谓的事，新目标一建立，我马上就开始焦虑了。

我的配偶叶先生认为三十四岁有孩子可以，挺好，没问题，就这么办。但是一年过去了，三十四岁已经过了，当我依然没有任何迹象，我猜叶先生也有点焦虑了。

"咱们不会是不孕不育吧？！"我终于鼓起勇气对叶先生说出了这个猜测，叶先生也瞪大眼睛看着我，眼神里写满"空"字。

心理学有个名词叫"孕妇效应"，指的是当你是孕妇，你会高频率地发现到处都是孕妇。我说，同样还有个名词叫"不孕效应"，当你怀疑自己不孕不育，无论是网络搜索、和人交谈、看数据报告，哪怕看食品配料表，都能发现大量有关不孕不育的信息。走在街上，当你再看到带着婴儿的夫妇，感受也和过去完全不同。一件事能做但选择不做，和一件事本就没有能力做，结果看似相同，心态上却是天差地别。

你还会发现这个世界上除了美满的家庭、破碎的家庭、丁克家庭，还有一种家庭，就是常年希望有孩子但求而不得的备孕家庭。随着调研的深入，我接触到了大量这样的人物和故事，从而加剧了我的焦虑。我决定，不再胡乱猜测，也不被动等待，我要行动起来，寻求科学帮助。

一周后，经由各种推荐，我预约到了和睦家医院的 Ellen 医生门诊，据说这位医生专治不孕不育疑难杂症，且有大量成功案例。在这样迷惘的阶段，我正需要这样的专业人士。

事隔多年，以我有限的医学修养，没有办法复现当时 Ellen 医生门诊时全部的专业术语，但她大致的表述是这样的：

一、以她多年的经验判断，仅从望闻问切角度，我应该问题不大。

二、具体有没有问题，需要通过各种手段排查，以及监测。

三、如果有需要，她可以从今天开始，为我安排这个计划，启动排查和监测。她认为，我的成功怀孕在六个月内即可实现。

简直是热血沸腾的一段话！我当即就表示："Ellen 医生，全都按您说的办，今天就启动计划，就监测，就排查！我要从今天就计算这六个月！"

于是当天，Ellen 医生就为我启动了监测第一项：B超卵泡监测。这个监测的目的是：观察我是否有产生健康卵泡的能力、卵泡的发育情况，以及依据未来每月的定期监测，掌握我这个人产生健康卵泡的真正周期。

当天，在 B 超的监测屏幕上，Ellen 医生指给我一个位置："你看这里，非常巧，你今天就有一个成熟的大卵泡！又大又圆，非常饱满，你看，多好的一个卵泡啊！理论上，这样的健康卵泡就不能浪费，有很大机会可以长成一个健康的好孩子。下个月你再来，我们继续观测。"

那是我唯一一次见到传说中的权威专家 Ellen 医生，因为，那之后的下个月，我发现，我不需要再去继续观测了。最神奇的事是，那天屏幕上我亲眼见到的，那个又大又圆的卵泡，后来成为我的孩子，她在九个月后顺利出生，她就是问问。

如果说决定生育之后，这一年多的焦虑有什么意义，那就是找到 Ellen 医生，让我在问问还是大卵泡的时候，就在 B 超屏幕上和她见了面，还和医生谈论了她，还表扬了她的健康饱满，衷心期望她来到这个世界，来到我的身边。

在我三十五岁这一年，问问出生了。当她出生后，护士先抱住湿乎乎的她贴住了我的脸，我心里想：呀，这就是当初那个大卵泡耶！护士又把她抱在我面前让我看，我看着她透明发光的小脸，由衷地夸赞："真好看呀！像蒸饺儿一样好看！"

出厂设定

每个人都有自己的出厂设定，这才是盲盒产品的核心。

问问在六岁的一天突然对我说："生孩子就像买盲盒玩具一样，得看运气。"

我一惊。

2012 年问问出生之际，市面上还没有大规模出现盲盒这类商品，很难有这么准确的词，来形容未出生孩子的不确定性。

所有的夫妇在等待中一定都猜测过孩子的样貌，我和叶先生也是。我猜有的夫妇还借机挖苦调侃过对方的缺点，像我就会说："要是像你大头，腿不长同时还不直，可怎么办？"

叶先生就反击："大头的话若头发再是蓬蓬头，那就更可爱了，就会像蒙奇奇！"我的发质是沙发，每天早晨起来都是卷曲的蓬蓬头，常年需要花更多时间打理，因此一直羡慕头发顺直的人。

我希望这世间一切我能给的好东西，全都能给到我的孩子，包括遗传特征，这样她的生活会更容易。但我也知道，人只要出生，一生怎么都不会容易的，世间本没有容易的事情。本来可以姑且和凑合的，为了孩子，你却会用上整个人全身心最好的版本。孩子会让你自律、学习、注重健康、积极交流、努力挣钱，你之前的人生没给足的，孩子都会促使你再去追寻。

问问出生一个月后，我尝试从母性激素的光环效应中抽离，从客观角度认真审视了她的外貌特征，然后对叶先生说："她好像真的头很大哎，腿也不长，而且她头发怎么这么炸呢？"

叶先生说："一个月的 baby 头都很大！腿都很短！头发都很炸的！我们的 baby 多可爱啊，超级可爱！"

问问三岁的时候，叶先生终于清醒了，承认遗传以女儿自己的意愿进行了排列组合。在无数代际祖先的密码之中，遗传完美绕过了父母希望她拥有的清单，而甄选了所有清单外的选项。我经常仔细地看着问问，看着概率中决胜的，我的小小女儿，她顶着一个大头，快乐地跑来跑去，头发蓬松杂乱在空中飞舞，迈着敦实的小胖腿，结结实实，神奇无比。

"问问遗传了所有我们觉得自己身上不够好的部分，但还是这么漂亮！哈哈哈，真是太漂亮了！"叶先生说。

叶先生说得对。在问问出生之前，我也许幻想过一百种她的样子，但真实的她比我任何一种想象都要更漂亮。有的人喜欢盲盒玩具，是因为着迷打开一瞬间释放的惊喜。这么看，生孩子确实比买盲盒还刺激。酝酿多日打开，是一个自己制造的限量款胖软语音真人娃娃。每天早上，娃娃睡醒从床上坐起来，顶着一个蓬蓬头，会说更多的话，有更多的技能，都是比昨天又大了一号的蒙奇奇。选择生育，就是选择了连续不断的惊喜。

除了蒙奇奇的外貌，我逐渐发现，盲盒打开后真正神奇的，并不是外形特征，而是关于天赋和秉性的遗传。每个人都有自己的出厂设定，这才是盲盒产品的核心。问问出生后的六个月中，我家那位表达能力极强的育儿嫂吴姐，也跟我表达过这个发现，她当时是这么说的：

"所有的小孩都不一样。你说后天教育很重要吧，但小孩出生就带着性格。刚出生几天的小孩饿了，有的就是饿了也不出声，有的就是小声哼唧，有的还知道攒体力哭，哭一阵歇歇，有的就是玩儿命哭，嗓子都哭哑哭干了。都是饿了想喝奶的哭吧，哭法也不一样，你说也都还完全不会说话呢，但是有的哭一听就是抱怨，有的就是委屈，有的就是着急，有的就是生气、愤怒。只要我在这个小孩家里待几天，就一定能找着一个家里人，这个小孩的性格就随这个人！你说这个是教育吗？这个就是天生的！"

吴姐在我家这半年，属于育儿界的一千零一夜，我几乎每天都能听至少一段不同家庭的不同育儿故事。我就问她："那你说，孩子性格全都不一样，怎么养就能好了呢？你见过越养越好的是什么样呢？"

吴姐又讲了一个规律："要是爸妈原来就感情好，那孩子不管性格像谁，就算有矛盾，过着过着也能过顺；有的就是两人感情不太行了，以为生了孩子感情能变好的，我看都是生了反而更差。你想啊，要是感情好呢，就能看见对方的优点，如果孩子像对方，也不错也挺好；但要是感情不好，本来就嫌弃就看不顺眼，孩子再像对方，一说话一办事，全都能让你憋气，就会冒起一股一股无名火。

"要我说，那么小的孩子，性格哪有什么好不好的？不论啥性格，往自己好的方面发展，都能招人喜欢，都能出人才。我看有的爸妈，上来就对孩子不满意，就使劲往相反方向管，但是家里边同时还有一个人，每天也是这个性格，孩子天天看着学，哎呀，这属于家里边两大人较劲，时间长了把孩子也教糊涂了。要说好的家庭，就是顺着孩子天生的性格养，爸妈不较劲，都看见孩子的优点缺点，商量好了往一个地方使劲。你想想，这样三年五年十年养出来的孩子，和爸妈多少年较着劲过的，那效果能一样吗？"

现在回忆起来，我的育儿启蒙其实并不来自科学权威的育儿书，而是来自我的第一位育儿嫂吴姐，她凭借丰富的职业经验和乡野调查报告，六个月中给我讲了一千零一夜育儿故事。

经过吴姐长达半年的教学铺垫，我的育儿战略日渐清晰了。我和叶先生商量："咱们得尊重问问的初始性格，发掘天赋，通力合作，然后按照正反馈机制培养。"然后我又学习那位育儿嫂的表达方式，用白话给叶先生翻译了一遍："就是说，咱们顺着问问的性格，看问问擅长干什么，然后我们俩联合，一直鼓励一直夸下去，特长就能更明显了。"

除了育儿原理，吴姐还给了我一个启迪：好的表达只需要朴素平实，不需要大词新词，说普通人听得懂的话，用简单的语言就能讲清复杂的道理。

三岁之后，盲盒出厂设定渐渐浮现了。我首先观察到，问问很可能具备画画这个天赋，这个天赋很可能来自我。我的猜测迅速在我妈那里得到了证实。我妈说，我三岁的时候拿着一支铅笔，在报纸上到处寻找圆圈类的图形，只要找到，我就在圆圈里面再画个黑疙瘩，说这是个眼睛；而问问略有不同，三岁的时候，她用小胖手拿着铅笔，在画册各处寻找圆圈类的图形，只要找到，就把圆圈涂成一个实心黑疙瘩，然后在圆圈外面画上个大圆圈，指给别人说这个是眼睛。同样是乱涂乱画，我是在框架里画，而问问找到基本核之后，就能在外部做延展，边界随心所欲，格局明显比较自由。

当然，画眼睛是个开端，按照我和叶先生正反馈夸奖机制的培养约定，我们就从画眼睛夸起。叶先生由于对画画实在没有心得，就专门负责夸"画"这个动作，只要发现问问在画眼睛，就夸奖她说："艺术家又在创作啦！创作热情好高呀！"而我专门负责夸作品和结果，只要看到眼睛已经画完，我就过去积极点评："今天这幅作品好棒呀，像是小鸟的眼睛，那么这只小鸟长什么样子呢？"希望我们这样追问，会推动问问画出更完整的轮廓。一轮一轮夸完，正反馈夸奖机制果然就起了作用，问问就画得越来越多了。

除了画画，我认为问问讲话也像我。

比如，和问问过马路，一个开车人和一个骑车人发生了矛盾，双方停在马路中间大声吵架。问问转过来对我说："他们可能是因为没有梦想，没有梦想才有时间停下来吵架。"问问还会说："你喜欢什么都无所谓，但你得有喜欢的东西，要不你每天就没意思了。"

"我给你讲一个恐怖的故事，一个人的胆子变小了，他就再也不敢做新的事情。这就是一个恐怖的故事。"

"成功就是，你累，也别放弃。"

"我喜欢我自己。"

"你一直站在海边，就会想要更大的海浪！"

每当问问用奶声奶气的音调说出这样的话，我都会停下来仔细地打量她，看着她的蓬蓬头和胖脸蛋，疑心她其实什么都知道。

关于我说她像我这件事，问问也有观点。她说："我和你不一样，你是你，我是我。"

她果然知道。

画画中的正反馈夸奖机制一起作用，问问四岁刚过，我和叶先生就想寻求突破了。我两一致决定，继续使用正反馈夸奖机制，再把问问夸成一个运动小孩。人一旦有了运动习惯，就等同于掌握了可以施在自己身上的神奇魔法，能变得自信、健硕、坚韧，身姿挺拔，皮肤发光。如果说画画是想象力的财富，运动就是生命力的财富，这些财富首先要来源于父母。

根据我和叶先生读到的一点表观遗传学观点，就算父母运动天赋平平，只要有生活方式在先，孩子培养出和父母一样的、伴随生活的运动爱好应该是没问题的，这就够了。目标有了，我们执行的办法是：第一，言传身教，刻意在问问面前晃来晃去运动，让问问知道运动和吃饭、睡觉一样，是生活自然而然的一部分；第二，刷一遍周围能够尝试的运动种类，比如跆拳道、舞蹈、游泳、壁球，直到发现那个让问问最沉迷的运动项目；第三，参加该项目比赛，以此建立训练计划和里程碑，并体会竞争和输赢。

真正执行起来，就正反馈夸奖机制的好用程度而言，运动比画画要难很多。毕竟文无第一，武无第二，只要参加比赛，运动的正反馈就不只来自父母，还来自竞争。而比赛前后，永远伴随着沮丧和眼泪，但这个过程，是同时获得好身体、专注和坚毅的必经之路。

专注，是描述一个人在面对具体任务时，可以做到聚精会神，高度沉浸其中。坚毅，是描述一个人面对漫长的困难时，选择坚持和长期主义的应对。要说做人有没有品格上可以追求的真理，运动是不是在借假修真，人是不是可以"在事上练"，我认为答案是一致的——我们追求的、修的、练的，全都是专注和坚毅，我们也永远在赞美这样的人。

既然如此，我和叶先生就要暂时放弃来自父母一侧的正反馈夸奖，而要学习和问问去沟通关于输的事。养育孩子的过程里，我重新学习了很多东西。为孩子收敛住不良的习性，为孩子不间断地学习，都是生育带给人的重建自己的巨大契机。

尽管我们常常劝别人，不要把人生的希望转嫁给孩子，但是我们很清楚，在很多意兴阑珊的生活之路上，因为孩子的成长，我们才有力量挺过漫长的时间。为自己，本来我们退缩了；但是为了孩子，我们成了更坚强的人。哪怕当我们的人生没有了惊喜，但他们的人生还有。人类终究为了希望在活着，而这未来的希望终将在孩子们身上。

问问尝试了若干运动后，在八岁时自己选择了壁球。练满一年，参加了青少年壁球精英赛，赛场上遇到了来自重庆俱乐部的厉害选手。我站在壁球场的玻璃墙外，看到她攥紧小肉拳头给自己打气，又使劲挥动比胳膊还要长的球拍，奋力追球和截击，打到小辫都散了，但还是输了。

问问输球之后哭得很伤心。教练们围住问问，纷纷告诉她：

"哭很正常，但哭完要调整状态继续比赛。因为一流泪，就看不清球了。"

"你以为自己已经训练得很多了，但对手训练得更多。"

"运动员精神不是赢的时候才有，输的时候更要有。人就是因为输的时候也有运动员精神，未来才能重新赢的。"

"含着眼泪继续打好比赛，眼泪就会是强者的眼泪。"

我蹲在问问旁边，紧紧握住她的手，感到这些话也都说进了我心里。是的，厉害的人平常看起来和我们一样，而不一样的是顺境时展现的克制，逆境时展现的生命力。参加比赛，是为了知道自己此刻走到哪里，再继续出发。我当然希望自己的孩子快乐，但不能为了避免她难过，就告诉她这个世界不必去赢，如果这样说了，我就没有告诉她这个世界的真相。每一次练习都要追求沉迷和喜爱没错，但每一次出发都要去争取赢，去重新试探和球场、和对手、和自己的关系。争取赢，当然也要做好体验输的准备。明知输赢是常事，还是会出发，这就是平常心。平常心不是置身事外的不作为，而是该争取的都会努力去争取，但心里知道，输赢只是此刻，人生灿烂广阔。

运动小孩培养计划从四岁开始，至今持续了快六年。问问的四肢更健壮以后，头也显得没那么大了。六年间参加了许多比赛，运动小孩这一目标基本实现了。

那么，盲盒出厂设定中，如果真的有欠缺的能力，也就是那种在先天遗传上完全不具备的能力，比如说音乐，能不能硬给练出来呢？作为一个研究过"刻意练习"和"成长型思维"的人，我认为理论上应该也可以。

由于画画小孩和运动小孩的目标都达成良好，我和叶先生有点飘了，忘记了约定好的"发掘天赋，通力合作，然后按照正反馈机制培养"的教育方针，决定让问问学习钢琴。

之所以选择钢琴还有个重要的原因，就是在我的判断下，问问的父母双方，主要是我，在音乐方面自幼处于人群平均线以下较多的水平。自己先天缺乏的，总希望能给孩子补上。我琢磨着既然环境和认知已经发生变化了，应该早点实施干预，帮助问问达到音乐能力的平均线。

我自己对音乐水平的认知，来自曾经的学琴阴影。七岁时我在哭哭啼啼中放弃了学琴，明明和同期孩子付出了同样多的时间，但其他人都已经能演奏乐曲了，我的双手依然无法彼此配合。相反，当同龄很多孩子还在画蝌蚪小人的时候，我已经可以完整地画出一幅写生了。天赋这个东西，是无法解释的。

三十多年后，一切重蹈覆辙，当问问练琴时，我能觉察出她在过程里是确定的不快乐。和七岁那年的我一模一样，呆坐在一台奇怪的机器前，疑惑地来回摁着那些黑白键，既日常抵触练习，也没有办法让自己沉浸乐曲；既不能像画画一样创造，也不能像运动一样移动。我担心如果继续练习下去，她就要渐渐地枯萎和崩溃了。

要说怎么算是有音乐天赋，我的身边就有案例。塔塔的儿子一一，比问问大三岁，从五岁开始学钢琴。一一五岁之前也不知道什么是钢琴，但从手指碰到琴那一刻，就表示自己是想学的。当时塔塔对一一说"要学的话就要每天练习了，毕竟买琴挺贵的"。从那以后，一一每天自主练琴，到现在从未间断，也并不需要大人督促。到八岁，开始将音符自由排列组合，日常玩耍内容就是作曲再录成小样。九岁，已经能够叠加软件自学编曲，爱好就是鉴赏和复现喜欢的音乐。我再见到一一，他已经在用我听不懂的专业语汇聊各种音乐元素了。这种时候，我看看一一，又看看自己的孩子，无法不对世界充满疑惑。

就这样，全家在钢琴上痛苦地磨蹭了三年之后，对比问问在画画和运动上的能力，我再次感叹了遗传力量的强大。是时候把时间投入到更擅长和更快乐的领域，放弃对平均线的无效追求了。

于是，我、叶先生和问问一起坐下来，郑重地召开了我们决定正式放弃钢琴练习的家庭会议。

在家庭会议的最后，我们在拥抱中结束了钢琴的学习历程。问问对我们说："爸爸妈妈，对不起。"

我说："爸爸妈妈对不起问问，实在是没有给你生出这个能力。"

我知道，自从我家客厅少了一个敦实的大黑方块家具，问问的心中就和客厅一样，别提多宽敞了。我和叶先生也真正接受了盲盒的设定，孩子无论怎样，首先是继承了我们的基因，其次是受我们给的环境的影响，每当我们要求孩子之前，都会先审视一下自己。

总的来说，育儿生活就是在盲盒打开后，随着观察和变化不停地重置时间表，包括帮助孩子决定做什么不做什么，什么先做什么后做，什么多做什么少做，什么重复无数遍，最后才能把专注、坚毅和好身体都写入她的人生秩序中。未来有一天，当我们不在她身边了，替我们陪伴她的，就是这些凝聚了过去岁月的、爱的秩序。

养育真是漫长的道路，如果其中有捷径，那么盲盒的出厂设定就是捷径，日复一日的时间表也是捷径。父母能做的，也只是前一半，就是帮她选好，把她送到，让她置身其中，剩下的，要看孩子自己的了。父母给好土壤，给够时间，有了种子和条件，一定会有结果，结果会有惊喜。

什么是成功的育儿呢？和大人的成功一样，充分实现自我，就是深刻而持久的成功，这一点，我们要全家共勉，谁都不要忘记。

回到小火堆

人总是在疲劳和弱小的时候，最渴望回到火堆旁；人最大的恐惧，也一定包含对火堆熄灭的恐惧。

问问上小学之前，我在努力想通一件事：我经历了很多灯下做题的时刻才长大。那个时候我认为好好做题，长大就会有自由和快乐。现在我长大了，是不是应该值得拥有自由和快乐，而不是在焦虑中接着看问问灯下做题呢？以及，问问现在做题，应该也不是为了长大后逼她的孩子做题。那么跳出这个循环，是不是可以从我和问问做起？

思考这个问题的真正原因，是在我长大的家庭里，同时有着我爸和我妈两个范本，同样是灯下做题，我爸是威严逼做题，我妈是温柔陪做题。如今，我还记得他俩的目光分别投到我身上时，那种迥异的感受。

我是在北京西城区出生和长大的，因为爸妈一直工作和生活在西城区。他们是那种可以在一家单位安定勤勉工作一生的人，我曾经以为他们也会在同一个地方住下去，直到问问出生后，我的爸妈把家搬到了朝阳区，住在与我们三口之家一街之隔的地方。这对他们来说，一定是个重大决定。

按照人类学的说法，我爸妈是随着第三代的出生而迁徙，在我们附近栖息，并燃起了一个小小的火堆。

从经济学的分工角度上说，我爸妈的搬临，加强了家庭育儿合作社。以更务实的描述来说，城市家庭的育儿问题，都可以归纳成育儿合作社的组织、成员和分工问题。

从心理学角度，每个人一生中都有两个家。一个是我们从小长大的家，有爸爸妈妈，有的还有兄弟姐妹。另一个是我们长大以后，自己找到伴侣组建的家。我们把第一个家叫原生家庭，后来组成的家庭称为再生家庭。第一个家庭的家人叫先天亲人，是没法选的；第二个家庭的亲人是后天亲人，是可以选的。可以选这件事本身，就是拿回人生主动权，按照自己的意愿来生活。我们和自己选定的人结成伴侣，接着再选择生育，都是主动权的体现。当然生活的方式有很多种，单身、单亲、再组合家庭，无论怎样都是我们自由的选择，也都可以形成正向的、幸福的生活方式。

不过，我现在根本不想讨论以上这些理性的话题，我想说的是，当我爸妈也搬到了附近，我们这个家庭，就围绕问问组成了远古的火堆，那种人类永恒的小火堆。

生孩子就像打开潘多拉盲盒，打开的瞬间，也同时释放出了无数其他东西。捆绑销售，种类繁多，不可逆转的生活洪流就此滚滚向前，但是，任它变化奔涌，小火堆是冲刷不掉的。无论是对小时候的我自己，还是对现在的问问，小火堆，才是真正的育儿单位。

什么是小火堆呢？

读《人类简史》，里面提到一个"邓巴数"的概念。英国人类学家邓巴提出了一组形容人类个体社交规模的数据。从内到外，一个人最亲密的社交圈，平均数是五个人。大约是由于在人类千百万年的进化中，一起陪伴坐在山洞里火堆旁的，就常常是五个人，他们是至亲，或者是关系已经非常亲密，接近至亲的人。

而邓巴数据里最大的圈是每个智人脑容量可以承受的社交边界人数，大约是一百五十人。每个人通常只和五人非常亲密，最多和一百五十人基本熟识。这个表达类似于，有一百五十人关心你飞得高不高，而只有五个人，关心你飞得累不累，摔得疼不疼。平心而论，大多数时候，这一百五十人其实连你飞得高不高也不是真的在关心；真关心你的人，一定是因为你飞得高了替你高兴的人，说来说去，基本上还是这五个人。

这个最亲密的社交圈令人脑海中很容易就有画面：在远古，当你遭遇狂风骤雨和野兽，当你感到寒冷、疲劳和饥饿，会回到火堆旁，因为总有几个人在那里无条件等着你。无论你强壮或者弱小，打猎是否空手而归，他们都不计较，依然会分给你食物，拥抱你，帮你避雨，然后在火堆旁紧紧挨着你睡着。在远古，你的力量有限，缺乏生产工具，外面的世界充满危险，但只要你回到温暖的火堆，总能求得和他们在一起的安慰。

读到这里，我想我充分理解了火堆给人的感觉。我最初受挫和离家，遭遇人情冷暖时，都会无法抑制地想家。想家主要是想我妈，因为我妈和外面的世界截然相反，无论我多差，她都会不评价，只会想尽办法让我感到温暖。我妈还总是叮嘱我多加衣服，不要感冒，早点回家，把饭热热，现在想来，这都是火堆发挥出功能的一套组合动作。出门在外，妈妈希望你有个火堆，总是能随身带着。而我无论走到哪里，想起妈妈，心中就有暖意，安静持久地燃烧着。

但在最初阶段，我就不那么想我爸。

我在《高冷之家》里写过我爸。他除了工作能力强悍外，还擅长家居规划和做饭，基本等同于我家的火堆总是结实规整而且烤着肉，香气扑鼻。但爸爸经常在心理层面，弄得我不太温暖。

如果把情境挪到远古，就相当于我从狩猎学校放学了，但考试成绩不太好，一只兔子也没打到，路上又遇到瓢泼大雨，有气无力地回到火堆旁。虽然火堆烧得正旺，架子上也烤着肉，但我却战战兢兢，这时候我爸肯定会站起身严厉训斥我："好好复盘为什么打不到兔子！是不是粗心大意，是不是没认真听课？"如果我再说"好冷"，我爸就会追加一条反问："明知要下雨，为什么不提前准备？为什么动作慢？这样下去怎么练成狩猎的本领？怎么具备野外生存能力？未来可怎么办？"

长此以往，在我的意识里，我家的火堆是一个精神抖擞带着兔子的人才有资格回去的火堆，是优秀胜利者的火堆。不但如此，为了对我进行狩猎能力的系统训练，我家还发展出了火堆旁的议事制度，类似于部落长老制，议程都是对我各种表现的分析讨论。长老肯定是我爸，而我妈虽然不说话，但需要表决的时候，得是和我爸一致行动的人。

后来看美国真人秀《生存者》，在参加者完赛时的一幕中我认出了熟悉的场景。夜幕降临，精疲力竭、饥肠辘辘的参加者们完成了挑战，在一个装饰精美的营地会合，营地中间是熊熊燃烧的篝火。篝火旁，每一个参加者都精神紧张地盯着主持人，等待他给出当天表现的评价。主持人永远精神饱满，声如洪钟，最可怕的是他会念出下一个人的名字并说："根据你今天的表现，投票结果是——你被淘汰了！"看到每季的这一集，我都会身临其境，后背出汗，因为这集太像我回到家，被我爸逮住在客厅复盘的场景了！客厅火热火热的，而我的心哇凉哇凉的。

不过，三十岁之后，经历过更多物竞天择，我好像开始想我爸了。

当人长大以后，在天气晴朗、意气风发的时候，是不屑于困在小火堆旁的。邓巴数还表明，人天然要去寻求更多朋友的认同，寻找更大的世界，和每个成年人平均一百五十个人的社会交往范围对比来看，火堆边的五个人真是太少了。拥有了远大理想，谁会只满足于狭小的火堆呢？只守在火堆旁的人，是无法完成探索和冒险的。

放在远古，我爸曾是个骁勇的战士，他希望我也是。严格要求我，是因为他清楚，战士是总要离开火堆的，战士获得休息和安慰，也是为了能再出发坚强战斗。在战士长大成人独自离开之前，火堆旁的时间是有限的，这就是还能接受至亲训练的时间了。在我爸看来，每一次训练都是宝贵和迫切的，因为离开是早晚的，是未来必然会发生的。未来还有一天，当战士长大，有了孩子，也会在火堆旁训练孩子。

当把这个概念理解到这里，我在家庭生活上获得了一个新的指导思想，暂且把它叫作"火堆原则"。从一个最朴素的原则出发，很多事情突然变得容易理解和评价了。

问问出生的这个火堆，也就是我家，如今就可以按照这个原则来设计，那就是：能力上帮她强壮，心理上给她温暖。

当然，出生在哪个火堆旁，是没法选的，这是作为人最荒诞的部分。当小孩出生，我们会把她抱到火堆旁，告诉她说"不要害怕，你看这里多温暖，多安全"。但我们需要让她在岁月里真正知道，如何让自己在离开火堆以后，也可以活得温暖又安全。

在问问的成长中，我常常和她说："问问，我们是一个团队的。"其实我真正想说的是："问问，我们是一个火堆的，所以我们是自己人。"

"火堆原则"应用于育儿中的关键，不只在于和孩子一起做任务，而是当结果不好的时候，也不跳到对立面否定和打压她，否则一个火堆的信念就崩塌了。一个火堆要有难同当，共同面对外界。因为我自己已经知道，父母的嘴脸因为结果骤然改变，是让孩子最难过的事了。当孩子发现，即使回到了火堆，还是孤身一人，她就不信任和渴望火堆了。当孩子放眼望去，世上有那么多温暖的火堆，自己却没有，内心就开始苍凉了。

如果拿"火堆原则"来要求家庭中的伴侣，需求描述会更加清晰——火堆应该物理温暖，心理也温暖——我既要一个熊熊的火堆，我也要一个安慰的伴侣。

伴侣，当然属于邓巴数最内层的五个人之一。这五个人的核心特点一致，那就是，他们对你的爱和支持，最趋于无条件，反过来，你对他们的爱，也是一样的。关于寻找的过程，我在《写在四十岁到来这一天》里有过描述：

"这就是后天亲人。后天亲人需要去茫茫人海中遇见，包括终身伴侣、知交好友，他们是仅次于爸妈的亲人，一生中不过寥寥几人，却带来最大的惊喜和机缘。

"选择后天亲人是接近新物种、破除旧观念、建立好习性的重大契机，请务必珍惜选择的权利。但你首先需要有能力自己定义什么是新物种、旧观念和好习性，才有依据在茫茫人海中找到他们。重点在于自己定义。

"此刻，后天亲人们可能也已经出发，正走在寻找他们的新物种和好习性的路上。为此，你除了打扮漂亮走出去，更要做足准备，让他们寻找的东西在你身上存在。你要相信，你在寻找的东西也在寻找你。

"找到后天亲人的意义，不仅在于细细打量、紧紧拥抱吸取彼此日月精华，更在于从此可以共用四只眼和两副脑去体验世界。就像两只独行野兽相遇，喜欢依偎守望，更喜欢共同奔跑去广阔天地协作狩猎。日月精华不只在于人，更在于星辰大海。"

用"火堆原则"去理解，当伴侣们许下"无论富贵贫穷、顺境逆境、疾病健康，永不背弃，直到死亡把我们分离"的誓言，就是在告诉对方，我决心从此要和你共同陪伴在一个火堆旁，这个决定将是无条件的。我们也许将分别出去狩猎、采摘和战斗，但是当一切平息下来，我们会回到这里，互相陪伴和安慰。无论世事变幻，外面狂风骤雨，你是我的伴侣，这里是我们的火堆。

人总是在幼小和年老，少年彷徨和中年力竭的时候，才意识到火堆的重要。人总是在疲劳和弱小的时候，最渴望回到火堆旁；人最大的恐惧，也一定包含对火堆熄灭的恐惧。

现在，对于家庭，我懂得了更多。我的家庭生活本质上就是：我在爸妈结实的火堆旁长大，我爸把我训练成一个敢于离开火堆的战士。后来，我在茫茫人海里选了一个亲人，又生了一个亲人，围坐在了新的火堆旁。

现在，我的家和爸妈家很近，就隔着一条街。爸妈会拎着饭盒步行到我家，看着问问大口大口吃下去，吃好之后，他们再拎着空饭盒走回去。有时候我在窗旁，看着爸妈在夜幕中慢慢走过宽阔的街道，拎着一包小小的饭盒。

当天全黑下来，我又在高处眺望万家灯火，那无数窗子里明亮的灯光，分明就是远古的火堆在跳动闪耀着。等午夜里，镜头再徐徐推进，朝阳区一个高层的窗子里，我和叶先生，已经紧紧地挨着问问睡着了。

不可思议的妈妈

预防输的最好方式，就是去争取赢。

我至今认为，自己在问问心目中榜样地位的奠定，是在 2017 年夏天，因为那年夏天我们一起参加了一档腾讯网综真人秀节目，叫作《不可思议的妈妈》。

2017 年，是我和团队还在做养猪 app 的那一年。我感到工作坎坷又辛苦，但还是决定带问问参加了节目。因为我想，几十年后回看，坎坷一定早已过去，但问问四岁半的影像能永久留存。时间证明，用这样的思考方法做出的决定，都是好决定。

像《不可思议的妈妈》这样的亲子真人秀节目，不用说，内容设置都是安排孩子和妈妈一起做任务通关的。本来，所有好看的剧情推进，都得基于表现主人公与任务的交锋和冲突，任务一定要难，主人公一定要经历起伏。

出发时，我暗暗想好，创业多年，我已经是个做任务的资深选手，这是一次成为问问榜样的绝佳机会；节目里，我一定要亲手给问问展示，人是如何面对和解决问题的。

给问问找到好榜样这事，其实我很早就启动了，只不过这次，我选择亲自上阵。

孩子具备看图能力之后，当父母的都有一个标准动作：给孩子选书。我当时也特别重视这件事，因为选书就是在给孩子铺设人文启蒙之路，于是精心选了一大堆题材明亮的儿童故事书，之后很快就发现，图书根本不敌各种智能屏幕，问问的小肉手，很早就学会熟练地在电视遥控器上上下左右按键，以及在手机屏幕上放大、缩小和滑动了。

当我发现视频和电影对问问的吸引已经远远大于图书的时候，决定顺势而为，用魔法打败魔法，用极佳的现成教材，换一个角度去搞人文启蒙。这些教材就是新一代的迪士尼大公主动画电影。

大公主，就是已经成为大女主的现代公主们，她们具备自由之思想，独立之精神，保护自己和所爱之人的技能，组队试炼出的友谊，出发与战斗的勇气，对使命和理想的寻找。这世界上，讲故事历来都是最棒的价值观传播方法。外形迥异的主人公们诠释的英雄之旅，缤纷的画面加上台词配乐，肯定比平面图书更深入人心。

按照这个思路，我把莫安那、梅利达、花木兰、艾莎和安娜都安排进问问的电影清单，让她去领略这些主人公相似的品质：坚毅、专注、言而有信、勇敢、耐心，不断寻找自己的意义和使命。为了加强熏陶，我还会在一起看的时候加以点评和引导，让问问注意到大公主们每个人都有特长，比如武术、弓箭、帆船驾驶，再让问问去看她们如何分辨出朋友和敌人，如何面对逆境，如何来到重获勇气的时刻，如何遇到挑战，做出选择。顺带也给问问指出，你看，每个大公主都有着自己独特的漂亮。

问问看完这些电影经常对我说："妈妈，你也是这样的公主！"

我就接着说："对！问问也是这样的公主！"

现在，真人秀当前，会有一大波任务袭来，考验问问她妈妈是不是真公主的时候到了！

2017 年 8 月，真人秀在珠海开机。入驻片场那天，我也有点蒙了。我自诩面对过很多大小摄像机镜头了，但这是第一次见到网综真人秀的摄像阵势：我和问问居住的房间，除洗手间外，大概有八个可遥控摄像头；而一起出镜的共有五组母女家庭，住在一整栋遍布摄影头的大别墅中。按照拍摄要求，起床就要戴好贴身麦克风，而一旦离开别墅，每个人，无论大人孩子，均由两个随行摄影师全程跟踪拍摄。我想起电影《楚门的世界》，果然是真人秀，真的会 360 度无死角拍摄你的生活细节和言谈举止，天罗地网，无所遁形。

我马上明白，每一次飞到珠海，均需连续拍摄五天，在又要照顾孩子又要做任务的情况下，这样被高密度地采集素材，每个人最终只能选择做自己，因为无论对怎么演做了多充分的准备，你都一定会暴露。理论上，做自己，这是最容易的了。

我带着问问斗志昂扬地开始了拍摄，开机不久，就被制片人兼总导演"谈话"了。

制片人是一位脸形瘦削、雷厉风行的女性，几天中，我眼见她有条不紊，把百人拍摄团队安排得团结紧张、明明白白，这就是那类我喜欢的工作能力极强的专业人士。但我就这样被这位专业人士给批评了。

她说："你也是媒体工作者出身，我就明说了。观众看节目，谁要看你这也行那也行呢？真人秀，就要看真实，真实就要表达情绪，有难处，有高兴，有迫不及待，有失望，这就是综艺感。问问表现得就非常好，但你要想清楚，你不是来参加军训的！"

我完全懂她说的意思，但任务面前，我已经积习难改了。

我在真人秀的任务里都干了什么呢？挑几个举例吧。

有一集，任务是换家庭带孩子。节目组为了考验我，把我和另一个嘉宾妈妈的三个孩子送到了海滩。那天烈日当空，节目组给了我一些工具——两套没组装的帐篷和一套烧烤架。我当下就理解了，这个任务，是让我先把帐篷支起来把孩子放里面避暑，然后再给孩子们BBQ（户外烧烤）做晚饭。一共俩事儿，不难！

说干就干！俗话说技不压身，我一边迅速安装帐篷，一边想，感谢严厉的我爸，从小训练我的生存和动手技能；再感谢我开活动策划公司时苛刻的甲方，逼我在自驾活动里给客户安装帐篷，如今果然没有白走的路，时光流逝，而我的身手依然这么敏捷，不愧是我！

当我用最麻利的动作闷头装完两个帐篷，流畅地把最后一个边角固定在支架上，自豪地仰起头环顾四周时，忽然感到哪里不对。我突然发现，远处，有八台立式摄像机，后面的摄影师无奈地望向我，纷纷收起长焦镜头，看样子要转战下一个场景了。

我突然意识到，这是真人秀，没有观众要看我一个人带仨孩子还行云流水、东方不败的样子。我又忘了表现沮丧、踌躇、一筹莫展的状态，完全沉醉于凭借一己之力搭起帐篷这件事。我迅速换位到制片人的脚本去思考，马上明白，这一场拍摄算是浪费了，他们想要的真人秀素材，也许正是狼狈的我手忙脚乱的样子，但是他们没有捕捉到。不过，我也有点儿困惑：任务这件事，会做就是会做呀，所谓真人秀，难道会做的人也要故意演出不会做吗？

到了晚上，我看到制片人又向我走来，连忙迎上去对她说："我明白了！我下集注意！"制片人点点头："好，看看下集。"

又一集里，和搭帐篷不同，到妈妈和孩子联合做任务了。我想，这回无论任务是什么，是我和问问一起了，在一起就会有交流有挑战，一定可以表现得自自然然。

任务大厅的门一开，我们看到一侧有五个人模和五个工作台，另一侧是一大片各种材料和服装面料，我马上理解，这次的任务是做衣服了。现在回过头自省，我这种人，创业体质形成已久，大概早已进入一种任务应激模式。明知是真人秀，但一切镜头表现的考量，在头脑中都会让位于一场项目管理和执行。解决问题和表现情绪相比较，即使在真人秀里，解决问题也会是优先级。该是谁就是谁，这也才是真人秀的意义。

当服装比赛哨音响起，我扫视了目力所及的材料与工具，结合自己的缝纫能力，脑内快速构思好了作品。按照比赛要求，我的思路是：既然我要给问问当榜样，现在又是我和问问一起设计衣服，那我一定要把迪士尼的画面实现，做一个大公主和一个小公主。

下一步，就需要妈妈和孩子配合，需要孩子在限定时间内，按照妈妈的描述取回材料。孩子取回什么材料，意味着妈妈接下来就只能使用什么材料了。

我对问问说："问问，这是一个做衣服比赛，问问和妈妈是一个团队的。妈妈想要做和迪士尼一样的，大公主和小公主的衣服。需要问问把有用的东西拿给妈妈。"

四岁半的问问不一定理解做衣服比赛，但她一下子听懂了迪士尼公主，她说："妈妈，可以给公主做王冠吗？"

我指给问问看："你看，那边能戴在头上的只有一个锅，当王冠可能不像，妈妈做成公主的头盔可以吗？"

问问说："可以。问问给妈妈拿锅。"

问问跑去拿了锅给我，又说："妈妈，有头盔的公主，还会穿那种铁衣服，很硬的。妈妈能做吗？"

我再指给问问："问问你说的是铠甲，那边有硬纸壳，贴上有颜色的布，妈妈可以做成公主的铠甲。"

问问说："好，问问还想要公主有很厉害的颜色。"

我说："很厉害的人，忍者、武士，一般都穿黑色，公主的裙子可以是黑色的，公主可以是武士公主。那问问要给妈妈拿黑色的布。"

问问说："好，妈妈要当武士公主。问问给妈妈拿纸壳，问问给妈妈拿黑色。"

问问转身就跑，在限定时间内，不仅抱回了纸壳，还抱回了三种黑色的面料，有黑色的纱，有黑色的绸缎，还有黑色的皮革。

接下来，我在问问的注视下，在人模上用粗糙的手针缝出了两条黑色的裙子。我边缝边想，什么节目情绪效果，不重要了。重要的是，我要我的女儿现场看到，大脑可以展开构思，构思可以变成对材料的选择，材料经过手的加工，可以变成裙子。人穿上裙子，可以变成自己赋予的样子。我和问问，穿上今天我们一起创造的裙子，就是武士公主的样子。

衣服做好后，按照节目安排，每个妈妈都要带孩子参加走秀表演。舞台缤纷的大灯下，我和问问的服装完整而耀眼。在动感音乐中，我们俩走上舞台，认为我们自己就是武士公主，非常美丽，非常厉害。问问全程一直崇拜地望着我，我们俩都开心极了。

走下舞台时，制片人正在给大家鼓掌，看到我，她轻轻摇头说：

"你最好，你最棒，你十项全能！"

而我朝她耸耸肩，谁让这是真人秀呢。我已经想通了。

制片人后来真正表扬了我一回，是因为一个生存型任务。客观说，我认为这个任务节目组设计得有些艰难了。不过，这个任务的顺利完成，实际上是问问的功劳，也是在这次任务中，我认为，我的女儿问问，才是不可思议的。

开机当天一大早，五队家庭就被安排上了大巴车。节目组没告诉我们目的地，只是每家抽了一个信封。大巴车在珠海城区的主干路上行驶，突然在公交站停下，我和问问被告知就地下车，同时领到了当天的任务：用信封里的钱作为起始资金生活一天，并在晚上八点自行回到住所。我打开信封，发现里面只有一块钱，正在发愣，另一个节目嘉宾妈妈抽到了一百块钱的信封，迅速从自己的信封中拿出了十块钱塞给我。

我明白了，这回是生存游戏了。我的初始条件虽然很差，但好歹有贵人相助。用这 11 块钱，我带着问问坐公交车到达了最近的繁华商城，在超市买了一支黑色签字笔和一沓 A4 白纸，先给问问画了一张尽量逼真的肖像。我决定尝试街头写生，这是我用这点钱唯一能做到的，在一天中维生的方式。

画好肖像，我告诉问问："问问，妈妈现在准备邀请别人，看有没有人来让妈妈给画像，一张二十块钱。画够三张，我们就有钱买东西吃，画够 5 张，我们就能回家了。"

那一天在珠海的街心花园和游乐场，四岁半的问问一个一个地观察着路人，看到有小朋友和家长经过，就走上前，展示着她自己的肖像，并小声打招呼："你好呀，我叫问问。可以让我的妈妈给你画张像吗？我妈妈画得很好，我妈妈画画很认真。那个就是我妈妈。"问问指向我，我连忙微笑摆手，生怕丢掉问问辛苦招呼来的客户。

那天做完任务，天已经黑了，由于问问的成功销售，我卖了大概10 张画。到后来，问问打招呼已经很大声、很勇敢了，拿到画的小朋友和家长都对问问说："你妈妈画得真好呀！"

回到驻地，制片人来看我们的时候，我已经精疲力尽。她对我说："思路特别好，就是画卖便宜了。五十一张也是可以的。"

我累得只解释了一个词："最小可行性。"

她突然很认真地看着我，说："是，都是这样开始的。"

第一次，我觉得制片人没有在审视我们的表现，而是懂得了我们的故事。

节目临近尾声的时候，因为问问的表现，我还见到制片人热泪盈眶了一次。

网综真人秀毕竟属于娱乐节目，为了效果，会有很多禁不起推敲的设置。比如，有一集里，需要妈妈扮成孩子认不出的角色，在孩子寻找妈妈的路上设置障碍。尤其我被安排成了反串形象，扮相是加勒比海盗，变装再贴上胡子，问问就更难认出了。就这样，按照节目组给出的路线，我踏上了阻拦问问的行程。

我猛一出现，问问被吓得哇哇大哭。问问一边哭，我还要一边演；一边演，还要偷偷观察她，怕她被惊吓得太厉害。在整个《不可思议的妈妈》录制中，问问因为环境太陌生或者任务太难，已经有过几次大哭。但每一次，她最终都能平静下来继续完成任务。而我积累了经验，到了当加勒比海盗这期，对问问的哭已经大体有数，就按照自己的脚本提出了最后关卡的问题，我说：

"问问小朋友，你回答了这个问题，就可以通关了！"

问问很抗拒我扮的海盗，依然很害怕地说："我不要回答！"

我引导她说："你回答了代表你很勇敢啊！"

问问继续哭："我、我、我不是很勇敢。"

我忍住笑，高声提出了通关问题："问问小朋友，我的问题是，你的愿望是什么，你长大以后想成为谁呀？"

问问一边哭，一边清晰地大声说："我长大以后，想成为妈——妈——！"

就是那一刻，成为节目也成为问问的高光时刻。我惊讶得许久说不出话，看着站在我对面，小小的问问，这个四岁半的小女孩，见证她在真人秀里说出自己的人生愿望。

后面几年，我再重看这一集的时候，发现随着真人秀录制的推进，在这一刻，问问已经成为我们这组母女的主角了，而我的主要工作，是做好画面中的配合。在过去，是我拿着我的女主剧本，问问是剧本里女主的孩子；而现在，随着时间流转，问问已经完完全全拿起了她自己的女主剧本。我会微笑看着她站在闪亮故事的开端，展开一幕又一幕的成长，成为一个丰富而饱满的自己。在问问的真人秀里，我要做一个最好的配角妈妈，永远支撑和陪衬着她。

随着《不可思议的妈妈》关机杀青，影音定格了 2017 年的夏天。孩子总会长大，无论欢笑眼泪，再也不会重来。2017 年年底，我给问问写了一封信，叫作《致女儿书2017》，和真人秀一起，成为她成长中永远的纪念。

- 致女儿书 2017-

你好，我是你妈妈。

上一次给你写信是五年前，在距离你出生还有 20 天的夜里。那天夜里，我意识到有个孩子这件事马上就要变成事实，突然对你的出生充满了巨大的渴望，于是翻身下床，给你写了第一封信。我还记得，为了不影响你爸睡觉，我没开灯，悄悄穿上睡袍摸到客厅。黑暗中只有电脑屏幕是亮的，我把想对你说的话，一个一个打成字，寂静中嗒嗒的打字声只有咱们两个能听到。当时，我确切地感觉到，你和我在一起。

必须承认，在那之前，我对你的感觉并不像预期那么强烈，尤其对比我读到听到的各种汹涌母爱，也曾困惑过我的感觉是不是出了什么问题。当然，后来我理解到，情感这东西，都是非常私人的体验，有区别很正常，参考和对比他人的意义不大，重要的是你自己的真实体验是什么，这些别人是无法告诉你的。其实，直到你出生后几个月，我才渐渐体会到你是一个事实的存在，是我的女儿，而不是一个想象。怎么说呢，你出生的时候，我觉得我一下子就爱你了；但随着你长大，我又觉得我是渐渐爱上你的。

你出生那天，我一直使劲盯着你看，看你的每个部分，研究你五官的形状，看哪里和我相似；但不知道是因为你太小还是我太激动，总是转过脸就忘了，于是就一直一直看，侧躺在床上长时间凝视你的样子，内心里不停地感叹："啊，这是我的女儿，我生的！"到现在也是这样。随时随地仔细看着你，是令我很满足的一个爱好，看着你这件事本身，就成为一件很有质量的事。其他时候我看一本书、看一场电影，都会做一个"是否值得看"的判断，但对你，没有什么可判断的，你就是意义的本身。

在五年前的信里，我写过担心你脑袋大，腿不直，头发少，唱歌走调，结果你真就是脑袋大，而且眼睛像你爸一样眼距宽，还像我一样嘴角向下。但现在每次看着你，我都认为这个组合长在你身上完美极了，简直粉雕玉琢。这一点儿也不客观。

这让我想起在生你之前，我竟然还写过一篇自我剖析生育动机的文章——《选择生育》，现在看来显得十分多余。你到来之后，就没什么需要剖析的了，你就是那件不需要判断、不会错、不嫌多、不嫌晚的事，当然读书和锻炼也算，但得排在你后面很远、很远的地方。

你的出生满足了我巨大的好奇心，原来一个崭新的小人儿生下来手脚是这样的，喝奶是这样的，哭闹是这样的。每一次看见尿片变鼓变沉，奶瓶变空，衣架上晾着小小的袜子，床上乱七八糟堆满了玩具，我都会高兴一次，像又鉴定一次我生了女儿的证据。你淘气和发脾气的时候，我从来没真的生气过：于理，你是我遗传我引导的，要生气也是应该生我自己的气；于情，你的存在就是高兴本身，我希望我永远不会对你真的生气。

在你出生之前，我曾经有点儿担心，万一你是那种经常哭哭唧唧、扭扭捏捏的小孩儿，我怕我自己会不喜欢你。但你一点儿都不是。从小婴儿到小姑娘，你竟然一直都是一个果断、明朗、做事完成度很高的小孩儿。一开始我也觉得亲妈的判断不可能客观，但今年我做了一个正确选择，带着四岁半的你一起去参加了网综真人秀《不可思议的妈妈》。摄像机替我验证了你的特质，在所有的任务、同伴和观众面前，你的果断、明朗和做事的完成度都让我感到出乎意料。现在我很庆幸有节目能够替你留下这些童年影像，如果未来长大的你再遇到什么困难的任务，你可以回来看看自己小时候曾经有多么棒。

现在你马上五岁了，可以说，无论我曾经对五岁的你展开过什么样的想象，你都已经超越了。

大家都说你的性格像我，一开始令我高兴的原因，的确来自发现你像我。但是很快，我就发现你不像我，你发出的是自己的光芒。亲爱的问问，虽然在节目里你说"我长大后想成为妈妈"，但你知道吗？只要有自己的光芒，像不像妈妈根本不重要。

我的妈妈也就是你姥姥，有一次对我说："如果你不是我女儿，我也觉得你这个人很棒，我会很喜欢你。"我觉得这真是特别大的一种表扬，虽然不可能完全客观，但是立场是对的。这话是你姥姥在我成年以后才说的。但现在，作为你的妈妈，我已经有这种感觉了，如果我不是你的妈妈，如果我只是节目的一个观众，看到你的表现，也会觉得你很棒，很可爱。

我爱你，因为你是我女儿；我爱你，因为你是你，是问问。

你出生后这五年，我的事业和生活都发生了很大的变化，我在五年里越来越忙了，但还好你第一次站起走路，第一次叫"妈妈"和"爸爸"，以及你的大部分表演我都在场。之前，我常听别人说无论工作有多累，回到家看到孩子的笑脸，劳累就会消散，觉得有点儿言过其实，现在觉得，那是因为还不够累。现在的我总是很累，当然这是我选的创业道路，我要自己承担；我也选择了生下你，让你和我一起体验这个世界，但在你还小的时候，我也一定要替你承担。说到这儿，咱们都必须感谢你爸，你爸支持我，溺爱你。正因为你爸支持我，你学钢琴、学跳舞等大部分时间都是你爸陪着，我才有足够的时间去做自己的事。他对你溺爱的程度，在你身上花费的时间、精力目前都超过我。你有一个好爸爸。

还有一点，你长大后可能才会感觉到，就是你爸坚持健身，早睡早起，饮食健康，他是咱们俩的榜样。一家人肯定都是互相影响的，一想到你长大后对健康的生活习惯天然就很熟悉，我就感到很踏实。

还有一点，问问，我必须向你承认，我已经超级无敌爱你了，可是也还是很爱我自己。我想花很多时间去成为我想成为的人，去完成我想做的事。但是问问你知道吗？爱你和爱自己是不一样的：爱你，我就会希望你未来少经历压力和痛苦，即使我知道那些终究躲不过；爱自己，我会花足够多的时间关注自己，但更重要的是，会主动迎向那些压力和痛苦。爱自己就是令自己更加强壮和美丽。通往强壮和美丽的必经之路，从来都是不容易走的。

我希望你最爱的始终是你自己。

在录制《不可思议的妈妈》的过程里，因为要完成任务，咱们总是说到输赢，你再长大，会发现在这一点上，人们有很多不同的看法。我的意见依然是：这些都是非常私人的体验，有区别很正常，参考和对比他人的意义不大，重要的是你自己的真实体验是什么，这些别人是无法告诉你的。

人的天性都喜欢赢，没有人喜欢输，但是人们慢慢长大，会开始怕输，会提前为了预防输为自己开脱，去说不必赢，结果不重要。

我希望，在你十岁、二十岁、三十岁的时候，还能像现在一样目光清澈地大声说出："我喜欢赢！"因为，预防输的最好方式，就是去争取赢。你成长的过程中，会有无数选拔和考试，这个世界，总分输赢，你会发现，赢，终究都是留给那些想赢的人的。

当然，最终的目标是自由和尊严，这是我追求了多年的东西。现在对你说自由和尊严可能太早，现在我就希望你能尽量多体会赢了的那种开心，然后再努力迎来下一次的开心。那种开心，你尝过就会想再尝。要知道，我们这一代人里面有李娜和中国女排，在她们决赛夺冠那刻，很多讨厌输赢心的人也会无比激动；我希望你锻炼身体，多感受体育精神，也可以参加有对抗感的比赛，为别人欢呼，也得到别人的欢呼。

问问，你是我永恒的惊喜。就在刚刚，我看见你练习钢琴的小后背，都还在想："啊，这是我的女儿，我生的，我竟然有了一个女儿，竟然五岁了！"

第六章 命运有耐心

时间和金钱一样能够定义人与事。
经由时间考验的人与事，会更珍贵。

有些信息过了一天就失去价值，有些信息一生中都有价值。

有些快乐转瞬即逝，有些快乐良久回味。

时间和金钱一样能够定义人与事。经由时间考验的人与事，会更珍贵。

比如普世的智慧、健康的身体、热爱而有价值的工作、历久弥新的朋友、以及一生的伴侣。

为了见到这些人与事，我愿做长久的准备。

阿尔法伴侣

与其说你终于找到了那个人，不如说，你们在过程中塑造了彼此。

2007 年夏天的傍晚，在中国大饭店阿丽雅餐厅的露台上，一个年轻男生走过来和我搭讪。微风里，男生问我喜欢什么比赛项目，邀我一起去看北京奥运会。我说："太远了，奥运会是一年以后的事啊。"男生说："人要是开心，时间会过得很快的，一下子就到了。"

那年搭讪的二十六岁男生说得挺对，时间很快的，如今我们已经共同生活了十五年。转眼间，人就不再年轻了。

几乎在所有描述中年生活的小说和剧集里，故事都是从主人公身材走样开始塌陷，然后由各种因素比如夫妇情感、同侪压力、孩子升学等导致矛盾逐级递进并展开连锁式爆发。我和叶先生约定，既然如此，只有身材不走样，才能扼住命运的喉咙，硬是不肯让它推下这第一块多米诺骨牌。

今天看来，十五年中，这个约定格外重要，成为婚姻生活里重要的锚。因为婚姻生活本身是一种日常过程和进行状态，如果不给它设计其他绩效的话，它本身在时间中是很难产出结果的。有人说婚姻是恋爱的结果，我不同意。恋爱只有两个结果：还爱着，或者不爱了。还有人说孩子是婚姻的结果，我也不同意。孩子是第三个人、第四个人，人家会有人家自己的结果。而组成婚姻的这俩人，终究要在自己身上找结果。

前几年我是迷糊的，但后来当我研究起时间管理以后，发现和谁结婚事关重大——婚姻既然占据了人生的漫长时间，尤其是闲暇时间，而且配偶常常在侧，最是可以互相陪伴和监督的，理论上一定能产出结果，甚至成就。前提是，婚姻里的两个人，能够达成共识，锚定结果，向更优的好习惯、好秩序流动。

坏消息是，想明白这点的时候，我已经和叶先生结婚了。

好消息是，叶先生的基本秩序不算差。

说"不算差"稍微有些苛刻。应该说，像叶先生这种优质打工人的基本秩序，广阔的职业市场已经替我考察过了。叶先生受教育程度良好，干净整洁，作息规律，饮食清淡。但有个缺陷，在今天的我看来是无法忍受的：叶先生是易胖体质，而且日常没有健身习惯。2013年之前的叶先生，白胖饱满，全无腹肌。尤其在春节前后，肚腩格外鼓胀。以我现在的审美标准穿越回当初，是绝无可能看上的。

但叶先生说，那个时候的他，是个套餐，套餐不能单点。

2011年，在时间管理上开窍以后，我对外开始研发趁早效率手册，对内，就开始搞旁敲侧击、潜移默化了。

第一步旁敲侧击，我使了一个大招儿，带叶先生去参加了高中同学聚会。

事先，我和叶先生说明，在这个聚会上，会来一位男同学，此人是我的人生初恋。叶先生表示，往事随风，不必放在心上。我俩就欣然前往了。

　　我这位初恋，当年是学校的体育明星。十六岁校园里头一回见，就把我迷住了。其实这位男同学五官并没有多么卓越，但当他穿着白T恤和牛仔裤，不知为何看上去就在一众同学中脱颖而出，格外耀眼。其实是因为在全体男生的身材还混沌不清的时候，他已经进行了足够的力量训练，这些训练塑造了他的骨骼和肌肉，撑起了普普通通的衣服，成功地吸引了我的注意。后来虽然多年未见，我听闻他依然保持着健身的习惯，外形尤胜当年。

　　我和叶先生落座后不久，他走了过来。

　　我吃了一惊。想到他会强壮，但没想到竟然会这么强壮。他依然穿着白T恤和牛仔裤，但胳膊至少有当年的两个那么粗，胸大肌更为显眼，在白T恤里紧紧绷着，边缘轮廓像漫画人物一样清晰可见。他和大家纷纷打了招呼，正准备坐下来，突然席间有个男同学喊着"快给我们展示一下"，一个箭步上去撩起了他的T恤！连同隔壁桌在内，在场的人同时看到了他巧克力一样的、健身海报里才有的、排布整齐的腹肌，发出了阵阵惊呼！

　　回家路上，叶先生突然问我：

　　"你觉得他那样的身材好看吗？"

　　"好看呀！"我觉得这是明知故问。

　　叶先生竟然说："像个塑料假人一样，哪里好看了？"

　　听到这个评价，我已经不高兴了。我认定，这就是赤裸裸的嫉妒了。

　　但这正是旁敲侧击的好机会，我引导说："只要肯花时间，都能练成这样呢！"

　　"根本就不好看！"叶先生气呼呼地说。

　　我不理他了。

半个月后的一天，我发现叶先生在客厅的沙发上睡着了，胖肚子上盖着一本书，是一本英文版的男子健身图文书，显然是他新买的。看样子，旁敲侧击有成效了。

在那时，我只是个口头健身爱好者。就是名义上我支持运动，但实际上动得不多，到了健身房经常是蜻蜓点水拍一拍照即可。由于执着婚姻中得有"结果"，不想日复一日两个人只是一起活着，总希望能互相鞭策些什么，我认为至少可以把共同健身作为成果标的。叶先生买了健身图文书以后，我很开心，觉得互相鞭策的生活即将开始，却发现自己怀孕了。

发现怀孕前，我和叶先生还一起在健身房进行了五十分钟的超强减脂训练。那天训练后，我感到异常饥饿，冲进附近的一家餐厅，一个人迅速吃掉了一只烤鸡，叶先生惊讶地看着我。共同健身共同进步的计划刚要开始，就结束了。

真正潜移默化的来临，发生在问问出生前的几个月。

怀孕过程对我来说是漫长而煎熬的。其间我发现，在孩子出生前很长的时间里，除了孕育和等待，我似乎又要没有"结果"了。当然，孩子将是个重大的变化，但还是不能填补个人进展上缺乏"结果"的空虚。我这种人呢，就是要在时间中，针对具体的方向，改变、创作、做功，才算活着。剧烈的孕吐时期过去以后，我坐下来，和叶先生宣布，我要每天专注三小时，我要写新书了。

现在看来，婚姻里的两个人，最有效的互相影响，还是身体力行。当我连续专注了十个晚上之后，第十一天晚上，叶先生说要和我谈一谈。

此刻我打下这行字，时空仿佛穿越了，我又看见十年前的晚上，一个胖乎乎的叶先生坐在我家那时的沙发上，认真看着我说话的样子：

"我很羡慕你，总有很多目标要做。我觉得很好，可我找不到你那样的目标。"

叶先生继续说："但我可以 follow（跟随）你的目标。我也想每天专注三小时。现在我想到一件可以做的事。"

我连忙问："什么事？"

叶先生认真地说："健身！我可以每天在你专注写作的时候也专注健身！我可以成为一个健身的人，这就是我的目标！"

我看着叶先生，虽然我之前拉着他运动，他都参加了，但当他像现在主动这样说起，我还是有些惊讶的。

叶先生又说："我想好了，如果我从现在开始健身，等我们的 baby 出生的时候，就会见到一个 fit（健康）的爸爸。我希望我们的 baby 有 fit 的妈妈爸爸！"

这段话我一直记得清清楚楚。因为早在他说到目标之前，甚至在我们在一起之前，我就知道，我们是截然不同的人。

我也许就是那种善战进取的阿尔法人，喜欢当队伍里的头狼，喜欢设定目标，也喜欢追求结果；叶先生也许是温和沉稳的贝塔人，喜欢归属队伍，执行目标，也喜欢给出结果。阿尔法人最看重的，就是队伍能不能保持节奏，力出一孔，团结一致；贝塔人最看重的，就是选择哪个队伍来跟随，围绕哪个目标来执行。而无论是阿尔法人还是贝塔人，看一个人对你好不好，都要看他是否愿意为你付出在他本人的价值体系下最看重的元素。

要说阿尔法人和贝塔人的婚姻哪里最好，是贝塔人不会让阿尔法人的战斗力过多耗费在处理家庭问题上，有更多时间、精力去瞄准目标。相对于贝塔人，阿尔法人不想只围绕家庭，因为对他来说，人生远不止于此。

我认识的女性中，有很多是阿尔法人。按照这个相对简易的分类方式，女性但凡都像阿尔法人一样，战斗力少花费一些在处理两性关系上，就更有余力处理自己和这个世界的关系。到那个时候，外貌、智力、体力、财力，很多标尺都可以少取决于另一性，大概就可以尽情谈爱情了。

从谈话的那天算起，叶先生到现在已经健身十年了。十年中，他真的没有食言，从未中断健身，也完全改变了自己的体质和习惯。和叶先生十年前期待的一样，问问出生后，在她的眼中，她的爸爸从来都是一个健身者，是一个强壮有腹肌的人，是我们家庭中，负责执行和监督全家健康生活的人。

也许，世界上本没有命中注定唯一适合你的伴侣，伴侣是彼此造就和影响的，与其说你终于找到了那个人，不如说，你们在过程中塑造了彼此。

那么，爱情是什么呢？对于像我这样的人，就是当我遇见你，然后你随我出发一起去做冒险的事。当你愿意帮我签出书房连带责任抵押的那刻，你就是我的爱人。

亲情又是什么呢？对于像我这样的人，就是你同意和我分工照看好家庭，然后我可以出发，去做冒险的事。当你对出门的我说出"加油"的那刻，你就是我的亲人。

财务自由群

人生是源源不断的，随着情节推进，命运还会在前面安排惊喜和际遇，以及，新的好朋友。

小时候，我一眼就能认出，来我家的人里，谁是带着塑料笑容假客气的大人。

这样的大人明明就很容易辨认，他们会拎着礼物，寒暄环顾左右，还会顺带夸奖我几句，或者过问我的学习。我心想，你又不是真的想知道，就板着脸不愿回答。我爸爸就会说："叔叔问你学习呢，你不要没礼貌。"

我严重怀疑我爸妈认不出来谁是假客气。但我能认出来！因为不兜兜转转说出来意，假客气大人是不会走的。看吧，尤其是那些竟然还留下吃饭，还会提出喝点儿酒的人。菜端出来，酒味呛鼻，喝了几盅之后，还会说出一个老师教的总起句"我说句实话"。哼，既然后面才是实话，那你前边说的都是啥呢？

作为旁观的小孩，我很担心爸妈真的会向他们敞开心扉。我也想好了，等我长大，第一不要成为这样假惺惺的大人，第二不要和这样的大人做朋友，因为我一定能认出他们，不会给他们表演的舞台。

等我长大，发现小时候真的想多了。像我这种人，根本就没太多朋友。或者说，人生里的真朋友，本来也不会是塑料笑容假客气，要么是真客气，要么就不客气。在过去，我把进入生活的朋友们都写进了书里。2015 年夏天写完《按自己的意愿过一生》的时候，我意识到，来来回回，朋友总是那老几位。再一想，人已经三十七岁，确实很难再有真挚的新朋友了。

而现在想一想，三十七岁的时候，还是不够了解人生。人生是源源不断的，随着情节推进，命运还会在前面安排惊喜和际遇，以及，新的好朋友。

2015 年夏天，我刚卸任《时尚 COSMO》主编不久，问问也刚开始上幼儿园小小班。我和塔塔驱车去三里屯约人谈一个重要合作。路上，我正和塔塔闲聊，正说着不知道问问能否适应幼儿园生活，就接到了幼儿园打来的电话，说家长请马上赶去！再问是什么事，幼儿园只说赶快来，孩子情绪很不稳定。再给叶先生打电话，发现他正在一个会上。我一下就慌了起来，掉转车头，并通知对方，见面取消了！

后来遇到采访和讨论，被问到"如何平衡家庭和工作"的时候，我总会记起这个场景。哪有什么平衡呢？在特定的单位时间之内，必有优先级，在物理上当你必须出现在一个场景时，你就必须做出选择。选了这个，你就放弃了那个。如果放弃的那个是工作，连同那个工作在单位时间中的机会成本，就一起塌陷了。不过，像这样的选择，在决定生育时就意味着早已做出了。孩子的健康和安全，是永恒的第一选择。有了孩子，就是另一条道路，塌陷的有很多，得到的也会很多。

等我慌慌张张赶到幼儿园，发现有几个妈妈已经先到了。她们正在小小班的门外透过玻璃窗观察。一个妈妈转头发现又来了一个人，对我说："真是大惊小怪！我以为什么事儿呢。"

"到底什么事儿啊？"我赶紧也贴到玻璃上去看，看到几个小孩子，好端端地坐在一起，只是看上去都刚刚哭过，有的还在抽泣，其中包括我的小小的问问。

另一个妈妈也把脸从玻璃上撤下来说："就是没有什么事儿。他们几个哭了一会儿。"

第三个妈妈说："那咱们还进去看孩子吗？不用进去了吧？"

第一个妈妈说："进去孩子们就看见我们了，以为一哭家长就会来，就是条件反射。我们不要进去。"

我们四个妈妈又聊了几句，迅速达成了一致：一、幼儿园打这个电话没必要；二、孩子哭着哭着就习惯了，这是过程；三、都是给妈妈打的电话，不知道怎么想的；四、跑这一趟，可太耽误我时间了，我可得赶紧回去。

鉴于幼儿园刚刚开学，家长们互相都还不认识，为了以后再遇到此类情况的时候能有所沟通，四个人当场各自做了类似"我是问问妈妈"的自我介绍，并拉了一个微信群。

有了微信工具以后，你可能曾被拉进许许多多的微信群。有的群，会像我们在小小班门口拉的群一样，里面都是初次见面的人，但你永远不知道会有一个群，以娃会友，未来七年，成为你的真朋友。

这个群的另外三个妈妈分别叫大美、Q姐和徐医生。有意思的是，建群以后，我们才发现，群里的四个妈妈，年龄相仿，工作忙碌，也都只有一个孩子。大美的是个儿子，其他三个人的都是女儿，四个孩子是小小班的同班同学，在幼儿园里也很喜欢一起玩。

2015 年建群初期，因为家离得近，我们组织了几次集体带娃活动。具体内容就是选择一个公共儿童活动区，把孩子们投放在里面，这样大人可以在附近工作和交谈。这样带娃还有一个好处，就是孩子因为是和好朋友一起，会玩得更加热火朝天，而即使需要陪同的时候，大人也可以临时轮流分工，那么剩下的人就可以休息。

孩子们玩了几次后，我们四个人就渐渐认识了。这里说的认识，是那种基于事实的认识，就像一个班刚开学，既知道同学的名字，又通过交谈知道了彼此擅长什么，正在从事什么，成绩怎么样。不过，当我们说真正了解了一个人，是因为知道了他的目标，也理解了他面临的问题。而由于共同的需求，我们四个人，很快就由认识上升到了解了。

这个共同需求的发现，是从起群名开始的。几次聚会之后，我们都认为需要有一个正式的群名了。

我们先否定掉了"小小班妈妈群"这个群名。同样，诸如"亲子群""育儿群"这样的群名，大家都表示不太喜欢。

Q 姐说："这种名字看着没有意思。"

大美说："是啊，看上去除了弄孩子就没有别的事了。"

徐医生说："应该体现出孩子也弄好了，事也办了。"

我说："那需要的是一个能体现群精神的名字。"

大美说："那大家说说，应该是什么精神呢？"

接下来，在对群精神的讨论中，四个人充分梳理了各自的思路，最后取得了表述上的一致：

孩子是一定要弄好的，但事业也要做好。只有事业做好了，才有更多的时间、精力和资源弄孩子。孩子和事业，都是我们的心愿，需要我们有能力、有时间，还要有钱。

那么，每个人的事业怎么样才算做好了呢？在 2015 年，我们每个人都有着自己的当务之急和远大理想。

比如徐医生，说她当务之急就是要去广州拜师。徐医生是牙医，当时在国贸附近的一家牙科诊所工作。她告诉我们，中国正畸矫正的泰斗和桥头堡，就在广州。想要专攻颅颌面生长发育的科研方向，发展中国正畸事业，成为正畸专家、业界翘楚，就一定要去广州完成持续的拜师求学。那么未来，等她的资源、技术和团队成熟的时候，她就能够拥有一家自己的牙科诊所了！

再比如大美——有化学科研背景的食品配料供应商，她的当务之急就是率领实验室研发出更多配方。有研发，才有生产和应用，才能进入消费大市场。等探索了足够的路径，未来，才能建立自己的生产基地，实现规模化产能。

至于 Q 姐，是一家软件服务公司的合伙人和销售负责人。她的当务之急就是见大客户，冲业绩，继续帮助公司增长营收，早日实现创业板上市。公司上市的那天，就是 Q 姐财务自由的那天。等那天来了，她还想再生一个孩子。

这是一次纲领性的梳理和讨论。得出结论后，当晚群名被定为"早日财务自由群"，简称"自由群"，沿用至今。

自由群的成员虽然行业各不相同，但愿望是相似的。并且，彼此的当务之急也相当一致，就是本阶段都需要付出大量精力用于工作。面对这个矛盾，我们在讨论中又展开了一个推演，要想在时间、精力综合成本最低的条件下，还保证育儿效率，那最好的办法就是：结社。

这个建议，最早是大美提出来的："能不能每周六下午孩子们在 Q

姐家附近学画画，学完 Q 姐一起接呢？"

试行了一个月很有效，徐医生又提出："周三放学早，孩子们能不能和问问一起，先回问问家吃饭呢？"

我说："那能不能把经常重复的安排，整理进一个日程咱们一起看呢？"

徐医生说："太可以了，就按我们牙医预约制那么弄。"

Q 姐说："等于用一套系统，对应四个客户需求。"

我们明白了，要想互相帮助，就要在小范围内形成更匹配的分工、更广泛的协作；想要实现总时间最优，就要实现总资源配置，简单说，就是要实现至少在家庭间组织轮流托管小课堂和小饭桌。

方案构思到了这一步，就必须联合配偶上阵执行了。于是，我们把各自的配偶又都邀请进群，壮大了自由群的队伍。从 2015 年年底开始，自由群得到了四位配偶的大力支持，协作能力空前强大，形成了一个以四人为核心，辐射八人的育儿共同体，实现了新型的多家庭组织联合。

在这个联合中，每个人都被重新按胜任程度分工，有爸爸专门负责出行，有爸爸负责餐饮，有爸爸负责科普，有爸爸负责运动，一切向着有利于孩子成长和家庭时间规划的方向设计。在执行过程中，当所有人必须真诚地面对孩子和有限的时间，就涤荡了假客气，只剩下真客气和不客气。真客气就是对得到帮助的真诚感谢，不客气就是在衡量了时间和能力后，不敷衍应对。一个分工任务可以就是可以，不可以就是不可以。当人们彼此分担生活里的难处，彼此之间就再也不是塑料友谊了。

后来，我们的聚会也跟随四个家庭的愿望实现路径，不断改变主题。新的聚会都会以每一段的里程碑作为主题和节点。有时候，自由群很久没有一个里程碑实现，有时候，里程碑一个接一个地实现。每个家庭都有着自己的坎坷，坎坷是常态，所以里程碑才显得那么有意义。

七年间，自由群的四个孩子已从三岁长到了十岁，从幼儿园进入了小学，自由群一共完成了四次搬家和大大小小十几次共同的旅行。直到我这一本书出版之际，自由群创始成员的主要里程碑如下：

徐医生，于 2015 年开始，往返于北京、广州两地，深耕牙齿矫正领域，并于 2020 年如愿创办了自己的牙科诊所"天使角"。现在，半个幼儿园和小学都是天使角的客户。

大美，研发获得了极大进展。公司于 2018 年成为国家级高新科技企业，于 2020 年完成了 B 轮融资，目前已在全国建立了三个面积共达八十亩的生产基地，公司业务覆盖超过四十个国家和地区。

Q 姐，所在公司于 2016 年第一次创业板上市未果，后于 2019 年在科创板成功上市。第二个孩子于 2018 年出生。

我现在打下这些字，对每个年份的每个里程碑都如数家珍，因为那都是记忆中一次次聚会的主题；在一次次聚会中间，是时间表中的生活和起伏，是很多的辗转腾挪，穿过一个个的小课堂和小饭桌。

打开每个主人公的故事，都有生生死死，也许记录下来是像我这样的一本书，也许会更多更厚。在路上，好朋友会随着前方的道路删减增补，伴自己重生。在生生死死中，人也会脱离原有社会关系的窠臼，重塑新的关系，形成新的群体。

现在，七年过去了，我相信，人生是源源不断的，随着情节推进，命运还会在前面安排惊喜和际遇。世界上永远不会缺少美好的事物和人，那么就让美好的事和人走近你，让不好的事和人离开你。

高手常温

他们似乎早就都知道了剧情，就像看得见纹路的果实等待着成熟。

当一个人做了能做的一切之后，需要的，还有一点运气。

2019 年年初，随着自救计划逐步完成，公司渐入佳境，我接到一个机构创业营的入学面试邀请。

我参加过类似的创业营。一旦进入了创业营这种团体，最大的进步并不是创业能力的增长，而是你会知道，每个人原来都只是大时代背景下的小人物。几堂课加上几顿聚餐垫底，你就找到自己是谁了。就算你拼了命为创造美好的微观小环境而努力，宏观大环境才是你的根本土壤。最早，当我听闻很多风口与风浪，会感觉又胆怯又浮躁。现在我变了，同样是风起云涌的世界和创业营，我既不胆怯，也不再浮躁，踏实得不得了。

创业营里也会有高手出没。那些高手，在日常的循规蹈矩中并不显山露水，只在重大的分水岭处，在命运的路口，会做出迥异的选择。我们羡慕高手，因为他们似乎早就都知道了剧情，就像看得见纹路的果实等待着成熟。

而新手的生活是不一样的。新手严重依赖于进展。如果进展不确定，夜灯初上的时候，人就会陷入一种低郁的状态，压力和烦躁像棉絮一样飞散在空气里。很多工作就是花时间去梳理它们，拿着网兜，蹦着高把漫天的飞絮收集起来，一点点压成棉被，叠起来放好，放好一床，心里就会踏实好几天。

而高手们，似乎很早就深谙了某种哲学原理。这里说的哲学，是有能力用理性对人生经验做全面反省，然后归纳人生该何去何从。我一直想成为这样的人。

创业营开学以后，我有了一个同桌，大家叫他邵总。我在创业营已经算是高龄的学生了，而邵总竟然年近半百，却也来到创业营。当然，年近半百这事是很后来才知道的，由于邵总头发茂密，皮肤光滑，从外表根本看不出来。后来知道的还包括，他其实是一位个人投资人，是潜伏到创业营里看项目的。当然，我们大家发现以后，他也没有承认，一口咬定自己就是来学习的。

上了几次课，邵总的同学关系就和我们其他人呈现了明显的区别。表现在课间、午休甚至放学后，总有不同的同学，也就是不同的创始人找他问询。他们的问题有时我也能听到，最后都落到"怎么看？怎么选？怎么办？"

我向一位问询的同学打听："我旁边这个邵总很厉害吗？"

同学说："很厉害啊！他已经好几次创业成功了。他坐得离你这么近，你要有战略或者融资方面的事儿，随时可以问他啊！"

我这班同学，都乃人中龙凤，入学时都号称是垂直领域的头部，大部分公司处在 A 轮融资以后的阶段。而我想起几年前的融资，再想到后来我的愚蠢带来的坎坷，深深感到经历过这样一轮试炼，经营策略已经清晰了，可以叫作十六字方针："始终节制，始终聚焦，但求有功，不惧有过。"这十六个字虽然简单朴素，却是我通过血泪教训得来的，但要说给高手听，不就是废话吗？心想，等遇到下一次疑难杂症，我再问吧。

下一次疑难杂症，马上就来了。

经由文化领域的一位友人介绍，有一家舞台剧公司的主创团队来拜访了我，目的是讨论趁早合作舞台剧的意向，这家公司叫至乐汇。

第一次见面，我就翻出我第一本书《趁早》中《假如理想没有照进现实》这篇文章给他们看。里面曾写过对舞台剧的深深向往：

"在此之前，我不知道除了对人之外，对职业也能一见钟情。并且一见钟情的症状同样表现为当即心跳加速、血压升高、瞳孔放大，恨不能早早相逢，立时三刻拥为己有。我当时坐在漆黑的观众席里，看布景结构，看灯光变幻，看演员们铿锵吟诵时，周身像通过电流，感觉强烈而奇异。我就应该生活与战斗在舞台上呀，不是做导演，也应该是演员，不是演员，也至少是美工吧！"

那天来的是至乐汇的创始人孙老师和制作人西西，他俩听完这段笑了起来。尤其西西，她有着一张宽阔的嘴，这让她的笑容显得格外快乐和强烈。我马上向西西问起舞台剧工作者的生活，西西也立刻向我展开了生动的描述。那是我们第一次见面，却几乎聊了一个下午，现在想来，我大概是在西西的讲述里，体验了那个没有从事过的行业，感受里面的平行世界。

最后临别时，才发现孙老师一直在一旁坐着，安静地听我们长篇大论。一进门我就注意到了孙老师的装扮，开始我以为那是古风的衣衫，后来发现材料和款式又像某种居士的装扮，于是我问："孙老师是在修行吗？"

孙老师说："你也在修行，写作就是你的吐纳，你的静坐，你的修行。"

我说："我没有。我偶尔写，没有认真。"

孙老师说："写下来，就是认真，认真就是修行。字写出来被千万人读了，是用生命影响生命。"

我没接上，有点愣住了。

孙老师继续说："我的修行就是舞台剧，舞台剧可以让人在黑暗中安静地落座。安得促席，说彼平生。"

在孙老师和西西的来访中，他们关于做趁早舞台剧的建议，把我打动了。这里面最大的疑难杂症是，做舞台剧，它不怎么挣钱。或者干脆说，能顺利做完，有点结余，不赔钱就是好的。我于情想做，于理，又知道不该做，毕竟公司账面刚缓过来不久，趁早行动好不容易才带我们走出死亡谷，爬上正循环。我刚积累了块儿八毛的就又想嘚瑟，这是不是好了伤疤忘了疼呢？

很快，上课又见到邵总，我就用最精炼的梗概讲了自己的创业，2017 到 2018 年的挫折，又提出了面对舞台剧的困惑。

邵总说："公司有两种：金钱驱动，使命驱动。金钱驱动，假以使命。使命驱动，以致金钱。这当中没有对错。有的人追求财富，有的人追求使命。也有追求使命的人得到了财富，让人们误以为，追求者追求的是财富。怎么判断你是谁呢？就看你在关键时刻选了什么。"

我安静听着，心想，我不但选了，还在我选的地方绝处逢生过。

邵总继续说："那么使命是什么呢？使命是行动，不是只在心里弱弱地呐喊。"

晚上我又去见了西西，西西继续和我大谈特谈舞台剧，却说了一段和白天里邵总说的很像的内容："舞台剧和写作不同。在舞台上，观念催生了行动，但也必须通过行动来表达。主人公只有展现行动，才能推动剧情，最后表达观念。没有行动，观念就无从表达，只能飘在空中。"

见完西西回来的路上，我在想，在这个人间，也许求而不得不是痛苦，对所求的发生动摇才是痛苦。在讨论舞台剧观念的时候，我还对西西慷慨陈词："主人公不应该等待命运，主人公应该构建和塑造命运。主人公不应该被动等待命运自己走来，主人公要向它们走去！"可是，如果主人公曾经追逐过虚假的方向，误以为那是自己的命运，可怎么办呢？

我知道，这个时候，不能等待导师降临来启发自己了，选定的这条路走到一定阶段，自己就得是那个英雄。我也知道，一个不曾深切感受过与世界碰撞的痛楚的人，不太可能成为真正的创业者，就是要经历过碰撞、破碎，最终才得以重建。很多东西，都是在没有光亮的时刻看清的，就像我夏威夷的夜晚。

但我还想知道，如果是高手，他会怎么选呢？

我约好了邵总单独见面。

邵总问我："你通常是怎么判断一件事情有价值的？"

我问："像您上次说的，感性上，我能认出使命。热血涌上心头的时候，我会知道这件事该做。"

邵总问："你创业多少年了？"

我说："十年。"

"十年，热血一直涌上心头吗？"

我有点不知道怎么回答了。

邵总说："热是相对的。十年，如果一直热，就是温的。都说心如止水、心如沸水，但高手是常温的。

"真正的高手，血是温的，恒温，场景是不区隔的，可以上九天揽月，可以下五洋捉鳖；人是平凡的，每日如常，挑水、劈柴、吃饭、睡觉、思考。高手是一种恒常的状态。"

邵总继续徐徐地讲："高手，也有级别。创业，如同历经妖魔鬼怪。最早是怪。人异则为怪，就是发现自己和别人不一样，有一技之长，想干点什么；怪上面是鬼，人死则为鬼，创业创到死过一回，又活过来，这时候明白很多东西，又不一样；鬼上面是魔，成魔了，这人就执着，也知道自己有道法了，而且是魔头，魔头就是有一群人认你的道法，跟着你干；魔再往上修炼，就是妖了。"

讲到这里，邵总停了一下，望向我："魔向上，再有一步，就能成为妖，妖千变万化，不困于形。高手到了妖的级别，不滞于物，草木竹石皆可为剑。现在，就看你一路妖魔鬼怪，修的是什么了。"

我问："那妖上面是什么呢？"

邵总笑了："是神仙。神仙从天庭出，归天庭管，和妖魔鬼怪不是一个路径。"

我说："所以说，整个创业宇宙就是《西游记》，是借假修真，西天取经。"

邵总哈哈大笑："聪明！至少已经是个魔了！"

春天里，我和西西签好了舞台剧首演和巡演合同，西西对我说：

"我唯一担心你不适应的，是舞台剧和书不同，它不是打磨一次就可以无限重印的。每一场剧，只能演一次。在那个空间和氛围下，每一次，都是一期一会。再好的情境，要么已经发生过，要么未来才发生，它无法被定格住，也不能重复。"

但孙老师说："舞台剧如同活在当下，我知道你喜欢目标。但活在当下并不是失去目标，而是在制定一个目标以后，全然享受、全情投入于实现过程中的每个时刻。"

我说："那很好，那和生活是一样的。最好的，都是它无法停留的那一部分。"

西西说："我们太知道有限和易逝了。那些毕生只能经历一次的事、抵达一次的地方，甚至品尝一回的食物，我们在经历时就知道它正在失去。我们太知道了。

"还有很久才能见的人，每句谈话都有接近结束的悲剧色彩。我们寒暄微笑，转身别过时，当下便知，这是最后一面或几面。我们都知道，只是有时候我们不在乎。

"即使曾经在乎过的，无论曾怎样攥在手心，在失去时，都是无可挽回的颓势。我们见过各种不可逆转的枯萎，我们见过一个人如何从另一个人的生命中退场。春花秋月，烟花绽放在半空然后消失，盛大的开幕草草收场，一群人聚合又散去，一个漂亮的计划没有下文，这不都是寻常的事吗？就是因为见过太多，人们总想要一个确定和永恒，所以不要舞台剧了。"

我说："我要舞台剧。"

2019 年 10 月 17 日，趁早和至乐汇共同出品的舞台剧《要趁早》

在鼓楼西剧场成功首演。之后四天连演四场，门票售罄，观众爆棚。其实，就算门票不售罄，观众不爆棚，甚至无论后面有无盈利，我也要单方面宣布舞台剧的成功。

当舞台大幕拉开，灯光亮起，我坐在观众席，就像浸泡在塞班的海洋里。灵魂自由，就是可以创造，以及和自己创造的一切在一起。我看见舞台上讲了一个好故事，故事里的主人公在行动，在独白，她不等待命运自己走来，她要迎向命运走去。就是我和趁早持久以来讲的同一个故事。故事千变万化，不困于形。舞台剧就像书，就像趁早文创，就像趁早行动，都是我的借假修真，西天取经。

如今，已经是 2022 年的夏天。三年过去，世界随疫情的到来发生了巨大的变化，习以为常的事情变得不再可靠，话剧和无数事情一样戛然而止，没能接着巡演。但西西和孙老师结婚了，生下一个胖胖的婴儿。而邵总，成了趁早的投资人。邵总说，逆向投资，就是寻找到未形成主流共识的项目，看到价值，埋下伏笔，等待主流共识到来。邵总还说，把事情一件一件做完，把愿望一个一个实现，就是主流共识，但是人们忘了。人们会想起来的。

我和西西与孙老师约定，不可见到无常便懈怠，便忐忑。人生的真谛依旧在于日复一日的推进和因果，不可因为不确定而放弃能确定的。我们要保持清醒，保持知觉，保持体力，保持信念，直到下一个春天到来。

如果问我，这之后我还相信什么，我永远相信，生活属于勇敢真挚的人。相信海水流过身心的自由片刻，明知虚空破碎，依然熊熊燃烧。

- 趁早与至乐汇联合出品舞台剧《要趁早》主题曲 -

《让我们相逢在更高处》

作词：王潇

默默地决定

微笑看过去的自己

再深深呼吸

我走过每步路

都向着一个目的地

是为了更接近你

黑暗中的那些选择

后来一定会淡淡聊起

长久以来 我独自攀登 最高的山峰

只为了能与你相逢

风越高越冷 心越跳越猛

我迎着风 穿过云层

当空气稀薄 远处有微光闪烁

只为了把你的手紧握

记住这瞬间 当我认出你

我知道 我会是奇迹

展开命运的地图

我做好准备去迎接

低落和狂喜

面对一路险恶

做出最困难的选择

谁说要放弃

若想要更大的烦恼

就要变本加厉地洗礼

长久以来 我独自攀登 最高的山峰

只为了能与你相逢

风越高越冷 心越跳越猛

我迎着风 穿过云层

当空气稀薄 远处有微光闪烁

只为了把你的手紧握

记住这瞬间 当我认出你

我知道 我就是奇迹

长久以来 我独自攀登 最高的山峰

只为了能与你相逢

风越高越冷 心越跳越猛

我迎着风 穿过云层

当空气稀薄　远处有微光闪烁

只为了把你的手紧握

记住这瞬间　当我认出自己

我穿过　最远的距离

未来很具体

要我创造谜底

未来最迷人

等我在高处与你开启

在高处与你相逢

附录一：写在创业十年这一天

十年前的今天，2008年2月26日，我在北京市朝阳区注册了一家公司，开始了创业之旅。无论十年里经历了什么，我都有一个充足的理由庆祝今天，那就是，这家公司竟然没死，活过了十年。对一个公司来说，活着就意味着一切。

据说中国初创公司十年的存活率在2%，但我们几乎读不到另外98%为何没能存活的故事。从来都是这样，成王败寇，媒体都在帮成功者放大成功，给他们足够多的舞台和追光。但你得先成功，大家才有机会听到你当初或是后来的失败故事。包括我在内，一直幻想的状态，也是多年后终于可以徐徐说出曾经的煎熬困苦。但是，十年了，那个幻想的状态始终也没有来。

人有自己的生命周期，公司也是。人活得长未必就活得好，未必就活得有价值，公司也是。这十年间，生存逼着我总在尝试去定义和发现到底什么是"好"和"价值"，然后再找方法去塑造"好"和"价值"，这其实是我的主要工作。创业过程中业务转型过，但这种发现和塑造演变为我最大的个人爱好，包括我所有写作出版的动机，都是记录这些发现。我也意识到，相对于经营公司，我的写作和出版可能给世界上的人带来过更多的影响，以至于现在，趁早公司的文化和产品，已与我的文字融合不可分，与文字后面对问题的认知和解决问题方法的认知融合不可分。

对于一个以发现和塑造为爱好的人来说，创业绝对是一个好选择，这个选择在于让体验异常丰富，让痛苦也格外鲜明，而痛苦恰恰是研究样本里最重要的部分。因为只有痛苦才能让人离真相如此之近，当真相出现，发现才算完成，塑造也才有了原点。类似的职业还有演员和画家，都是胜出率很低的职业，长期坚持需要很强的信念，信念来自对这种职业体验的真爱，不然十年真是又残忍又漫长。

再后面的几年，是趁早的用户帮我开始认识到"价值"的存在，让我发觉趁早已成为一家天然具有企业社会责任的公司。发现和塑造的爱好已经从我一个人这辐射到团队，再由产品到达了每一个用户的心智里。时光倒流十年，回到 2008 年 2 月 26 日，这样的价值，应该是那个去注册一家设计顾问公司的我绝对不曾设想过的；但今天我也一直在追忆，这样的价值，在那时也许早已是心底的愿望，只是在等待时间发芽。

在十年后的今天，我意识到这条真爱旅程永远体验丰富，痛苦鲜明，因此并不会等来那风平浪静的时段，可以徐徐说出曾经的煎熬困苦。但是今天，我可以停下一天，用来写下这十年的发现和塑造、认知和忠告。

如果此刻的我能穿越回 2008 年，见到那个年轻的王潇站在创业的起点上，我会把这些文字拿给她；我幻想十年后的我自己，也在此刻穿越而来。她凝视着我，坚毅美丽，缄默不语，但我知道我一定会成为她，十年后，我依然会存活。

- 写在创业十年这一天 -

以下我回顾的，是创业，也是人生，你可以把其中所有的"创业"二字替换成"人生"来读：

○ 朴素和广义地理解创业这件事，凭一己之力活着就是创业，几个人抱团活更算。你有价值，客户有需求，找到客户，让他看见你的价值，你就开张了。售价大于成本，你就活了，就创起业了，都是这么开始的。

○ 做什么方向，首先取决于你会什么，有什么，之后才取决于时代的机会。时代一直有机会，时代的机会检验人类的贪婪与恐惧，热乎时人们永远趋之若鹜。非洲草原的一只羚羊首先吸引狮子、大批鬣狗和秃鹫，然后吸引寄生虫，最后骸骨交给大地，分羹都在食物链上。那么你在非洲草原上是什么物种？你这个物种如何获取食物？你是食肉的小兽，还是其实根本不食肉？要先搞清你是谁，你的基本面是什么，在食物链中处于什么位置，才能匹配机会，判断它是否属于你。

○ 你有价值，有办法把价值凝结在产品上，是确定创业方向和你能创业的基础条件。但这个价值不能是你自认为的，得是需求决定的，市场验证不了的都不能算。当然需求有大有小，认为瞄准千亿市场才叫创业也行，但都得从小微开始；需求小也可以创业，只要有办法找到用户，利基市场有很多好生意。

○ 不需介意生存期的自尊问题，即使用户认为你是一个为五斗米折腰做小买卖的或者推销员，你也要紧盯落袋为安的目标，把小买卖顺利完成。眼前的生存跟你在哪所牛校读过书、在哪个厉害机构上过班都没关系，你要认清现状，其实你现在就是个做小买卖的和推销员，千里之行始于足下的时候到了。真要委屈不服，暗暗记在心间，成为自我激励的力量，真雪恨十年不晚。

○　即使自己的理想真的是改变世界，也别直接写在商业计划书尤其是产品介绍上，毕竟生存期里让人觉得靠谱更重要。先想想自己这几年改变了自己多少，再想想从小到大改变了几个同学、同事，如果没有，先拿自己和旁边人试手，能从现在开始影响一点点也是好的。无数人靠着点滴的进化和演变也在改变着世界。

○　创业者无优越感，创业不是可以夸耀的生活方式，个中之人大多报喜不报忧，谁难受谁知道。创业是大逃杀游戏、小概率事件，五年存活率7%，十年存活率2%，IPO比例0.00002%。在各种忽悠渲染面前要独立思考判断，决定进入之前应该考虑十个晚上，深呼吸一百次，再决定是否要铁了心成为小概率本人。

○　有必要做一些人格类型和风险偏好测试，以暗示自己具备参加大逃杀游戏的人格优势。天生生物节律好、肠胃好、睡眠好、身体结实都是不可多得的生理优势，可以熬傻和耗死很多对手。善于沟通、感染力强、心大坚韧等在创业里也是特别好的性能，最好还有一丝无法描述的"邪恶"人格魅力。以上种种，都是非充分必要条件，接近玄学，本来也没人说得清。

○　你要训练担当和带队的感觉，尤其在逆境时。你还要训练果断做选择，训练去除性格里的拖延和逃避。你要成为公司里成长最快的人，以增加生存概率。你要为了做出正确选择持续地思考与学习，也随时准备好为错误买单，随时准备为失败负全部责任。

○　必须开始锻炼身体，必须，这简直就是创业的一部分。创业又称为百公里山地马拉松版大逃杀，体力有时候比智力还重要。其他自我能效管理方法和情绪调节手段也都要学起来，用以研究自己、鼓励自己、对付自己和治疗自己，以后会频繁使用；创业中期也要着手研究别人、鼓励别人、对付别人和治疗别人，建议研习社会学和心理学。创业讲究技不压身。

○ 历史不争辩谁对了，只呈现谁留下了。创业也是。你会发现这是唯结果论的世界，你还会发现你和抄袭狂、大忽悠同台竞技，他们的业绩因为不要脸又增长了，你还听到有人说要脸就是不够狼性的表现，总之无论你的三观架构是怎样的，创业都可以创到令你怀疑人生。但你的价值观会经由这些涤荡变得更坚固，磨难会把你塑造成为一个更有型的人，并深刻觉知自己的原则。

○ 必须管理情绪而不是放任情绪。徒劳无功的绝望感会反复出现，无论你曾经历了多少不眠之夜、胃痉挛和尿血，过程除了你家里人其实没人在乎。与其自我感动，看丘吉尔的电影落泪，疑问经历了至暗时刻为何没迎来光明，不如赶紧为最坏的结果做准备。我管理情绪的一个方法是，每当我内心陈述一个糟糕的情绪时，后面马上加一句独白："不然呢？"因为这是我选的，这就是创业，不然呢？

○ 情绪问题积累到一定程度，一定一定要寻求医生的帮助。创业以来，第一次让我重新审视这条道路的，是茅侃侃的死，他的死对我震动极大。不只因为离去的是我的朋友，更是因为他身上投射了一部分的我自己，深夜筋疲力尽的那个自己。我调节情绪的另一个方法是，无论多投入，在适当的时候定期练习抽离，告诉自己这是一个人生游戏，在面对成年后的人生进入模式时，是我自己选择按下了"hard（艰难）模式"的按钮。但我要保留意志去思考，我这个玩家决定玩到什么程度，我是否有权限决定何时不玩，还有没有退出和转换到"easy（简易）模式"的可能。最后一个选择才是删号。但活着，才意味着一切。

○ 不存在平衡工作与生活这回事。无论创不创业，其实都不存在。一天 24 小时之内，你的内心之中，永远有优先级，而你一定会为其排序。单位时间内，最重要的事只有一件，你的选择决定了时间的分布长度和投入程度，它们的叠加会呈现出结果。如果你是目标感和执行能力很强的人，生活和工作的各自结果甚至会看上去优于其他只专注执行一个的人，但这依然是选择的结果。

○ 既然走上极少数的道路，就不需关心大多数的评价，不必向不相关的人解释，更不必因为看了几个公众号就对照顾家庭表示愧疚。找到与家庭高效共处的心流时间，但要外包家务，让家务专业化、职能化，像管理团队一样制定标准，定期验收，换取宝贵的时间。本来社会传统形象里也没有创业者，每天活在生死边缘的人，不要和琐事计较。

○ 时刻重温爱的优先级，谨记最爱的人始终是自己。正是因为爱自己，才想把唯一的人生活到淋漓尽致，想拓展体验的深度、广度和密度。对于我这类人来说，这是选择创业的重要原因。爱的优先级里向下排序是家人，谨记这条道路里的悲欢都是你选的，你要承担所有责任和后果，遇到创业难题，别把情绪和抱怨指向家人。他们也很无奈，他们本来没打算做大逃杀游戏参与者的父母、伴侣和孩子。

○ 创业和"坚持"二字永远分不开，创业想做出些眉目，这个坚持的时间维度就得按三年起算，到三十年，甚至上不封顶。这么长的时间，肯定不是单纯靠咬牙打鸡血能扛下来的，一定得有点真爱，至少是能享受创造价值的过程。有爱又赚钱是创业 heaven（天堂）模式，有爱不赚钱是 hard（艰难）模式，又不爱又不赚钱还愣坚持，真的就是 hell

（地狱）模式了。Hell 模式就和抑郁症很近了。又不爱又不赚钱的东西，不值得坚持。

○ 创业的初心，可以是各种，但是初心只有钱的话一定会后继无力，因为钱毕竟不是意义和使命本身。那些乐于探究真相、解决问题的创业者会越战越勇，那些得到用户价值回馈的创业者会自动加满使命。即使赚到钱，也得认真寻找钱后面到底是什么，这样会比较快乐。

○ 创业要抵御诱惑。创业是一场巨大的延迟满足，要努力抵御背离目标的当下满足。如果时光倒流，十年中我最想探究的机会成本，就是想知道如果 2014—2015 年我没有在《时尚 COSMO》做 14 个月主编，在那个时间窗口期，趁早的速度和方向会有什么不同。当时我用临终法来观看人生体验的宽度，认为当主编是个独特的体验，值得经历，但其实也有虚荣和好奇心参与了选择。这就是创业的最大成本——机会成本，因为世间没有如果。

○ 创业一定是面向需求的，面向 VC（风险投资）的都是投机分子，他们的口号是"离钱近"，他们追涨杀跌，听风就是雨，幻想干一票就跑，并永远在寻找下一票。企业就是要赚钱，世代商贾都知道这是唯一真谛。融资是锦上添花，是扩大经营，是试错的粮草，但续命只是一时，命终归靠企业自己挣钱造血，这条命归根结底得是自己给的。人和公司，都得"自个儿成全自个儿"。

○ 活着就是始终保持现金流为正，这是公司经营者的基本职责。恶补财务基础，紧盯现金流表，量入为出，控制成本，至少提前一年做出最悲观的预测。多数创业者都是"未来乐观主义者"，这是指战略而言，但是战术上，尤其在现金流管理上，一定要做"现实悲观主义者"，在阳光灿烂的时候修屋顶。

○ 现金流为正就是有能力持续造血，有收入源源不断地为自己续命。从第一天起，就要疯狂寻找客户。你的种子用户群就是你的贵人，你公司的衣食父母，是他们告诉你产品的优缺点，建议你改良方向，帮你传播口碑，购买你不完美的产品的同时，还有耐心等你迭代。永远铭记他们，感谢他们。在趁早文创业务里，我们把这部分客户叫作"有生之年"客户，承诺为他们终身寄送趁早每年的新品。

○ 好的创业公司等于高增长公司。从第一天起，要疯狂寻找你的主营业务，让这个业务成为现金牛业务，让你的产品成为品类中的黑马，能被人牢牢记住的爆款。现金牛主营业务会成为一家创业公司第一拨自信的来源，能在行业中撕开一个口子，深深扎根。有了稳健的主营业务，你就可以做新的财务规划，有胆量去尝试其他可能，钱就是你的胆量。

○ 正在尝试中还没有论证的业务是风险业务，要为其设立风险边界。无论你尝试什么，都不要忘记继续让你的主营业务扎根，以稳固江湖地位。寻找到主营业务的公司，没有必要动不动就提 all in，因为你终于努力到第二阶段，不需要背水一战，不需要"风萧萧兮易水寒"。作战时最健康的心理是进可攻退可守，保存实力，有回旋余地。

○ 在寻找主营业务和爆款产品的同时，要有非常强烈的知识产权保护意识，及早学习知识产权保护法，树立法律意识，规避法律风险，为你的产品注册域名和商标，信息产业类则要积极备案。品牌是这个商业世界的最高形态，代表着信誉和质量保证，更是价值观和文化在用户心智上的烙印，要及早去为自己的品牌规范字体、字号、颜色和视觉使用方法，让你的品牌和产品在互联网和其他各处呈现统一和稳定的质感。质感显得贵一些总没错。

○ 公司召开产品会要始终采用群策机制和创意优先机制，相信团队的审美和直觉。趁早的经验是，在会议上团队认为会让人惊喜和期待的产品，大概率会带给用户惊喜和期待。不要为了数量而容忍自己鱼目混珠，不要容忍自己泯然众人，永远相信和等待下一次惊喜的想法在会议室上空炸裂的感觉，珍视这感觉，迷恋这感觉。

○ 爱自己的产品，你不爱的产品，用户也根本不可能爱上，用户一定会感知到你的心血。而你真正用了心血的产品，你也才会在构思和塑造中真的爱上。趁早文创诞生七年来，直到今天，我和团队还会情不自禁抚摸新品的封面和内页，都会抱在胸前甚至亲吻，持续迎接我们新生的孩子。这感觉和我小时候画完一幅画的兴奋和幸福一模一样。只有这样，我们才会发自内心地关心用户对产品的反馈。当看到用户表达出也爱它时，也因为它改良了生活时，我们还会一次一次地感到欣慰和快乐。

○ 资本市场是双刃剑，是停不下来的红舞鞋。当你需要在小而美和博大之间做出选择时，这是一件好事，你会再次扪心自问，你会翻开遗愿清单，审视此生的意义。我选择了融资的动机和意义强相关，我想要的不是长久的舒适，而是探索此生的限制在哪里。这个选择和任何人生重大转折时的选择一样，需要自己来做。

○ 一旦决定融资，除了准备 BP，准备各种尽职调查材料，还要准备好心理建设。好听些叫路演，其实也可以叫兜售，无论你多努力地兜售你那点儿能力和才华，依然可能被惨遭修剪，屡屡碰壁。但融资可以让你惊讶地发现这个世界有这么多标准，这么多看待价值的维度，你竟然有机会这么高密度地回答关于梦想和现实的诘问。融资会让你的一个月像好几个月，让你嗓子干哑，让你在自负和自卑之间来来回回。但你得挺住，你得为自己、团队和未来拢住那一口热气，寻找万千人中那一个或几个看好、看懂和愿意赌你的人。

○　如果你是创始人，那么做事的方法，思考问题的策略，定义什么是对，什么是好，什么做，什么不做，这些最基本的东西都是由你给出的，这就是企业的原始文化和价值观。上行下效，强将无弱兵。如果是一家文化型公司，则创始人必须完成初步的哲学自洽，观点稳定，逻辑清楚，团队才有认知的基础，这些基础是干活的依据。

○　如果你是一个完成了哲学自洽的创始人，是公司的精神领袖，你的公司又建立起了基础价值观和做事的基本原则，那这家公司的基础就比无数价值观混乱飘摇的公司强大极多。或者说，你的起点，和世界上最伟大公司的起点已经相同了！伟大公司最初都起源于强有力的精神领袖型创始人及其思辨系统，概莫能外。你需要做的是完善自洽并升级系统，然后，在人海中一个一个找出你的团队成员。

○　事在人为，人是一切，包括创始人和团队，人不行全不行，人崩坏全崩坏，哪怕本来曾有过好机制好产品也一样。团队准入和筛选机制的制定要非常慎重，你要知道，力挽狂澜的是人，带来毁灭性打击的更是人。所有创始人都要经历选错人的痛苦。好的团队是下场踢球，各怀绝技，指向一个胜利，有一个朝不同方向跑，都是在瓦解胜利。无论生活还是工作，选人擦亮眼，选错早止损。这句说三遍，说十遍，说一百遍。

○　你当然是孤独的，人皆孤独，创业会让孤独更具体。但孤独不是不花时间达成共识的借口。尽最大努力统一思想和坦诚沟通，无论团队多小或多大。永远在团队行动之前，告诉大家背景资料、方案的依据、最科学的操作方式；永远在行动前允许大家争论和发问，在行动后带领大家复盘以改良行动，让组织的认知和行为不断进化。

○　新人不会天然熟悉你的文化，只是具备理解文化的潜力。你必须设计出一种机制，是培训，是组织学习，还是为新人安排教练都可以，但必须为传承做足准备，让下场踢球的球队对节奏和信号都心领神会。当创业天长日久，样本量增大，你就能够设计出新人对文化适应度的测试机制，价值观认同永远是第一门槛，真正的认同一定会体现在做事原则中。

○　文化型公司的最大价值就是文化，需要创始人本人就拥有足够的文化自信。这个自信表现在对"文化浓度"的坚持，对标准的要求，可以做到 9 分的，不要做 8 分，更不姑且和放任下降到 7 分，因为姑且和放任就是稀释和曲解的开始，再体现在产品上，再传达到用户，继续递减到 6 分以下时，就是创业败象。在我，这里有血的教训。（此处含血吞下 8000 字）

十九岁的时候，我喜欢话剧《等待戈多》。在剧中，戈多是一个幻影，从未露面，而人们在漫长时间中苦苦等他。戈多似乎会来，又老是不来。"戈多迟迟不来，苦死了等他的人。"如果创业是一个宏大梦想，就会像这样。

二十九岁的时候，我喜欢小说《边城》。在故事里，翠翠见过那个美好的人，但她还希望再见他一面，所以她等待。"也许他永远不会回来，也许他明天就回来了。"我希望我的创业是一个个的发现、塑造和达成，是美好的重现和放大，我希望会像这样。

以上我回顾的，是创业，也是人生，你其实可以把所有的"创业"二字替换成"人生"再读一遍。创业是很难，但也是一件朴素和广义的事。你凭借一己之力安身立命，把你的价值按照价格提供给他人满足其需求，就是创业。你走在自己选择的这条道路上并承担自己选择的后果，和创业的本质也并没有区别。

做一个坦诚和率真的人，也做一家坦诚和率真的公司，发现和塑造自己，也帮助用户发现和塑造他们想要的目标。发现和塑造本身，就是趁早的价值，也正是市场的需求，这就是趁早这家公司十年间从无到有的真谛，让无数人靠着点滴的进化和演变也在改变着世界。

相信微小积累、持续改变和时间的力量，因为时间看得见。做你想做的事，成为你想成为的人，无论历经多少次迷惘和自我怀疑，还是会走在内心最坚定的路上，现在，我们用十年公司的存活和成长，验证了趁早的口号，时间确实看得见了。

谨以此文，献给在十年中支持和帮助过我的每一个人。

时间看得见。

附录二：写在四十岁到来这一天

十年前，我写下了《写在三十岁到来这一天》。今天看来，那篇文章的标题很忠实地记录了三十岁时我所有的渴望——事业篇、爱情篇、生活篇、美容篇。

十年后，我意识到，除了描述去往渴望路上的大量碎片心得，时间已令我有能力概括这一切背后的核——到底是什么，在十年间构建、塑造了我，并推动我去实现这些渴望。

十年，从三十岁到四十岁，用来形成一个人的核。

无论事业、爱情、生活、美容，都是这个核外化的若干结果。

- 物种篇 -

○ 人和人全然不同，不同程度堪比非洲草原上的物种——差异那么多那么大，因此沟通失败在物种之间是很正常的事。表现在各种场合的鸡同鸭讲和难以理喻时，想想毕竟大家物种不同，情绪就容易稳定。

○ 物种间的一个重要区别在于应对环境的方式，在荒芜的冬天里，你到底是狩猎还是冬眠？同样的条件，对有的物种呈现的是可能那部分，对其他物种则呈现了不可能那部分。

〇 找到同类最幸福珍贵，值得多花时间、精力。懂得使人欣慰，相似的习性使人安全。纳入群体，组建家庭，都是为能找到同类。

〇 属于独行物种也未必就决定你会长久单身，你看自然界的独行动物们其实都有办法找到配偶。它们散发气味，关键时刻也号叫跳舞，贵在择日行动。

〇 青少年时期的困惑和痛苦，先是来自不知道人分物种，然后又来自不知道自己是哪一种，再后来是不知道如何成为想要的那一种，最后来自对其他物种的艳羡。

〇 中年时期的痛苦，来自明知属于某个物种或陷在食物链的一环，却已无力改变。

〇 人有机会自定义成为一个物种，但由于遗传、习性和环境的强大，真正做到的人极少。想要做到，首先要有能力跳出来看见自己的遗传和习性。人的确应该花时间研究原生家庭。

〇 其他物种的生存方式，可传染，可习得。这就是机会。

〇 相比环境的变迁和时代的大手，努力和勤奋的力量其实小得多。但在同样的时代条件下，努力和勤奋会获得实力，实力永远有效。

〇 你会惊叹其他物种的不要脸和不要命。但是，不要脸是按你的认知定义的，对那个物种而言引不起任何自我谴责和心理波动；并且，你会发现那个物种能不要命到什么程度，这也是其能力的一部分。

〇 人当然不可貌相，想互相了解就要多沟通，沟通到最后，你和一个人的关系和彼此理解程度，自然会到达它该在的位置。

〇 这时代真像在非洲大草原，绝大多数人已经不去想谁对了，只看谁活下来了。并且，非洲大草原的凶残，在于不相信报应。

○　值得参考的自然界物种是天鹅：上面姿态优雅，下面拼命划水。

○　值得向往的自然界物种是蛇鹫：具备长距离奔跑的耐力，捕食毒蛇，长相英姿勃发，在金合欢树上交配和筑巢，随时可以翱翔。

○　不同物种待在一个团队或家庭当然痛苦，因为物种间的悲欢并不相通。

○　一旦属于了一个物种，有些事情你注定做不了，有些事情注定只有你能做。

- 习性篇 -

○　亲人分为先天亲人和后天亲人。后天亲人需要去茫茫人海中遇见，包括终身伴侣、知交好友，他们是仅次于爹妈的亲人，一生中不过寥寥几人，却带来最大的惊喜和机缘。

○　先天亲人的习性通过渗透的方式奠定了你作为人的基本面，包括习惯和观念。尤其习惯，可贵又可怕，极难建立和打破。原生家庭的利与弊，几乎在于习性的深远影响，到底是秉承还是重建，你是自由的，你可以选择。

○　越早形成好的习性，就越不需要展开痛苦的自律和坚持。"坚持"真是个痛苦的词。

○　选择后天亲人是接近新物种、破除旧观念、建立好习性的重大机会，请务必珍惜选择的权利。但你首先需要有能力自己定义什么是新物种、旧观念和好习性，才有依据在茫茫人海中找到他们。重点是自己定义。

○　此刻，后天亲人们可能也已经出发，正走在寻找他们的新物种和好习性的路上。为此，你除了打扮漂亮走出去，更要做足准备，让他们寻找的东西在你身上存在。你要相信，你在寻找的东西也在寻找你。

○ 找到后天亲人的意义，不仅在于细细打量紧紧拥抱吸取彼此日月精华，更在于从此可以共用四只眼和两副脑去体验世界。就像两只独行野兽相遇，喜欢依偎守望，更喜欢共同奔跑去广阔天地协作狩猎。日月精华不只在于人，更在于星辰大海。

○ 当你生育，你又成为自己子女的原生家庭的家长，继续向下渗透你的习性。希望子女成为的人，你自己先成为，这样引导成功的概率较大。

○ 育儿在于为子女示范引导出一种活法，家长之间是否能相互借鉴教育方式，要看所引导活法的相似度。

○ 不存在完美的父亲或母亲，因为父亲或母亲依然是个人，人身上会有的一切你也都有，包括弱点。为子女收敛住不良的习性，是生育带给人的一次重建自己的巨大契机，抓住。

○ 做父母没有做自己重要。生育之后，世间依然是自己最珍贵，自己的一生最不可辜负。

○ 按自己的意愿过一生，意味着不为别人而活，当然同时，也不要求别人为你而活。

- 沉迷篇 -

○ 一个人得找到令自己沉迷的事物，这个至关重要，比找到同类还重要，越往后越重要。沉迷里面本身就是审美、自由、爱和幸福，是我们身为灵长类所能体验的颅内巅峰。至于沉迷的事情是否能够有益于他人、是否挣钱都在其次，或者说其实不重要。世间唯有沉迷，自我才能宁静，当下才显珍贵，过程就是结果。

　　○　人生中每一次心潮澎湃，都是跳入下一轮沉迷的重要信号。

　　○　具备沉迷能力，就像在时间的分岔中为自己竖立了一面纯粹之门，走进去要么被唤醒，要么被催眠，都有办法暂离眼下的人生。大部分人的沉迷能够在阅读中实现，因为一本书本身就是一扇门。

　　○　自己最懂自己如何能达到精神高潮，是重要的成长标志之一。

　　○　当沉迷接入技能，就是一万小时原理。一万小时原理的意思是，只有那些经由足够长的时间专注到达的精深美妙，才能化为你赖以生存的手感。

　　○　不是时代碎片化了，而是时代正在筛选你，专注能力变得越稀缺，掌握它的人就越容易脱颖而出。

　　○　在日积月累中你会发现，堕入平凡生活的疲惫感，源于你本来的沉迷时间被各种事务阻止和占据后，灵魂失去了补给。

　　○　只有抵达创造和表达的沉迷，才配叫作心流。好的爱情是两个人的心流，好的家庭生活是亲人间的心流，人与人最美好的共振是于心流里同在。

　　○　没有沉迷，我们只能通过成功去追求幸福；有了沉迷，我们得以时时刻刻去追求幸福。

　　○　人真正拥有的只有时间，唯一剩下的只有体验。一切都会变化，命运会玩弄你，人会别离，但我们要有过许多确定快乐的时光。

- 时间篇 -

○ 对暴露年龄的担心是多余的，你的容貌和身材就是你的年龄，你随时随地都在主动暴露。

○ 讨论一个人该不该整容，关键在于讨论人是否拥有改变先天容貌的权利，这是个哲学问题；但至于整成什么样，是审美问题；找到哪家医院哪个医生，是信息处理问题；至于整了之后是否能够改变命运，应该是个玄学问题。

○ 年轻时的好看不是因为单纯的瘦，是因为匀称有力，年长后也一样。保持匀称有力需要长期持续的力量练习。无论男女，一个人都应该身体强壮，看护自己，辉映他人，罩住全家，弱鸡不存在美貌，也没有未来。

○ 你的灵魂年龄比肉体年龄重要，你的灵魂年龄是好奇、创造力和想象力构建的。当你还在期盼一连串的得到，你就年轻；当你已经在忧心一连串的失去，你就年老。

○ 在命运的起落中，蛰伏期更适用健身和阅读，好好利用压抑时积蓄的力量。

○ 站在未来，安排现在。那些一生中不可逆的选择是电影的转场，用以推动剧情，作为编剧、导演和演员，你得坚信自己的人生是一场好戏，永远期待下一场好戏。

○ 习性和沉迷共同打造你的质地，节制使人紧致精良，内啡肽使人眉目舒展，天长日久，令你率真、澄明、形神兼优。

○ 做一个质地殷实且浓度高的人，让别人与你深谈之后像醉了酒。而那些往事如今都是下酒菜。

　　一个人的核是由他所属物种的独特性、习性和沉迷在时间中构建出来的，这个核才是真正的你。无论你正在经历高潮还是低谷，这个核越硬，你越稳，世事亦能穿越，事业、爱情、生活、外表都是核的外化。如同四季流转中，乔木经历春风秋雨，没有停止对生长的渴望，当季节到来，依然开它要开的花，结它要结的果。

　　今天我是一个非常、非常幸福的人。

　　做沉迷的事，见同类的人，不怕再来一个十年。

　　愿我们都磨砺出一枚硬核，时间看得见。

2018 年 11 月 3 日

【全书完】

王潇　微博、抖音：@王潇_潇洒姐

作家，趁早创始人

2001 年	本科毕业于中国传媒大学；
2007 年	硕士毕业于中国人民大学新媒体专业。

2001 年	担任中央电视台《整点新闻》主播；
2002—2004 年	就职于美国安可顾问公司战略传播部；
2008 年	创业至今，创办正向生活品牌"趁早"和"趁早行动"；
2014—2015 年	出任《时尚 COSMO》主编；
2010 年至今	出版《趁早》《按自己的意愿过一生》《五种时间》《写下来的愿望更容易实现》等七本著作；
2019 年	发布趁早行动小程序，上线"100 天系列"计划，帮助超过百万人科学有效地养成好习惯，创建正向生活。

曾获安永亚太区成功女企业家、中国传播年度人物等诸多奖项。

总会过去 总会到来

作者 _ 王潇

产品经理 _ 黄圆苑 刘洪胜　　装帧设计 _ 孙莹　　版式设计 _ 付禹霖　　技术编辑 _ 丁占旭
执行印制 _ 陈金　　策划人 _ 于桐

营销团队 _ 李佳 闫冠宇　　物料设计 _ 孙莹

果麦
www.guomai.cc

以 微 小 的 力 量 推 动 文 明

图书在版编目（CIP）数据

总会过去 总会到来/王潇著. -- 杭州：浙江文艺出版社，2022.9（2022.9重印）
ISBN 978-7-5339-6953-0

Ⅰ.①总… Ⅱ.①王… Ⅲ.①女性－成功心理－通俗读物 Ⅳ.① B848.4-49

中国版本图书馆 CIP 数据核字 (2022) 第 137692 号

责任编辑：陈 园 於国娟
产品经理：黄圆苑 刘洪胜
装帧设计：孙 莹

总会过去 总会到来
王潇 著

出版 浙江文艺出版社
地址 杭州市体育场路 347 号 邮编 310006
经销 浙江省新华书店集团有限公司
　　 果麦文化传媒股份有限公司
印刷 天津丰富彩艺印刷有限公司
开本 710 毫米 ×1000 毫米 1/16
字数 174 千字
印张 14
印数 38,001—48,000
版次 2022 年 9 月第 1 版
印次 2022 年 9 月第 2 次印刷
书号 ISBN 978-7-5339-6953-0
定价 52.00 元